行万里路　谋万家居

“人居科学发展暨《良镛求索》座谈会”文集

吴良镛　等　著

中国建筑工业出版社

目　录

第三部分　重点发言

前　言

2017 年 1 月 16 日，由清华大学、中国城市规划学会、中国文物学会、中国建筑学会共同主办，中国工程院支持的“行万里路，谋万家居：人居科学发展暨《良镛求索》座谈会”在故宫博物院举办，参会专家深入探讨城镇化进程中人居实践领域的重大问题和人居科学未来发展方向。

吴良镛院士于 20 世纪 90 年代创立人居科学，2011 年获得国家最高科学技术奖。2016 年是吴良镛院士从教 70 周年，清华大学出版社和人民出版社共同出版《良镛求索》，该书属于中国工程院院士传记丛书，系统回顾了吴良镛院士人居科学思想与理论体系的产生与发展过程，并提出对未来人居发展方向的展望。

本次座谈会由清华大学吴唯佳教授主持。清华大学建筑学院党委书记张悦教授、中国城市规划学会副理事长兼秘书长石楠先生、中国建筑学会副秘书长顾勇新先生、中国工程院副巡视员王元晶女士，分别代表主办单位和支持单位发表了致辞。在会议主题发言环节，两院院士、清华大学教授吴良镛先生讲述了其九十余载探索人居科学的心路历程。故宫博物院院长、中国文物学会会长单霁翔先生以吴良镛先生对我国文化遗产保护事业的卓越贡献为题发表了演讲。此后，十余位邀请专家围绕会议主题进行了发言。

本文集即是在此次会议专家发言基础上整理、扩充而成，并选择吴良镛先生不同时期的书法和绘画作品作为插图。

第一部分

主办与支持单位代表致辞

吴唯佳

清华大学建筑学院教授，城市规划系系主任

由清华大学、中国城市规划学会、中国文物学会、中国建筑学会主办，中国工程院支持的“行万里路，谋万家居——人居科学发展暨《良镛求索》座谈会”现在开始。

2016 年是吴良镛先生从教 70 周年，也是清华大学建筑学院建院 70 周年，由清华大学出版社和人民出版社共同出版了中国工程院院士传记丛书《良镛求索》。

吴先生在书中将人生经历分成了三个三十年，一个是到 1950 年从美国回来的前三十年，1950 年到 1983 年的中间三十年，还有 1983 年后办研究所的后三十年，以此来回顾吴先生 70 年清华从教的经历，三十年人居科学的创建历程，并对人居科学的发展路径和方向进行了总结和展望。

我是 1986 年来到清华大学建筑与城市研究所，参与了研究所发展和吴先生创建人居科学的一些工作，感到很荣幸。记得刚到研究所的时候，吴先生就反复强调研究所科研选题要努力与国家发展需要结合起来，要有学术前沿意识，要为国家的

民惟邦本，本固邦宁

战略决策服务，也就是要承担今天所说“智库”工作。在研究所这些年来，我主要参加了长三角的“发达地区建筑环境保护与发展研究”以及“京津冀城乡空间规划研究”这样两件工作。特别是研究所的京津冀研究，时间跨度近20年，参与人员有许多，对京津冀面临的问题和发展前景的认识经历了许多变化和深化，也经历了一些曲折，但是在吴先生的领导下，研究坚持了下来。在研究中，我们一直坚信区域协同发展是京津冀发展的正确方向，是解决北京大城市病，走出城市发展摊大饼、同心圆蔓延的主要路径。在当时几乎没有单位和个人愿意涉及区域规划的情况下，研究所成为国内率先开展京津冀协同发展研究的科研单位,研究成果,特别是《京津冀城乡空间规划研究》一、二、三期报告，得到了国家有关部门和社会媒体的高度重视,引领和影响了各个阶段京津冀规划研究和科研项目的开展。2014年习总书记调研河北、北京，部署京津冀协同发展战略，制定了有关规划纲要和政策,京津冀协同发展的大幕由此拉开。看到京津冀协同发展的稳步推进,我对吴先生最早决定开展“京津冀城乡规划研究”的战略勇气和超前视野，深表钦佩，也为能够参与这一与国家战略密切关联的重要规划科研项目倍感幸运。

当前我们国家正经历规模宏大的城镇化进程。最近中央经济工作会议指出：房子是用来住的不是用来炒的，这不仅是对促进房地产市场平稳健康发展提出的要求，也是对建设以人为本、关怀民生的优良人居环境提出的要求，发展人居环境科学

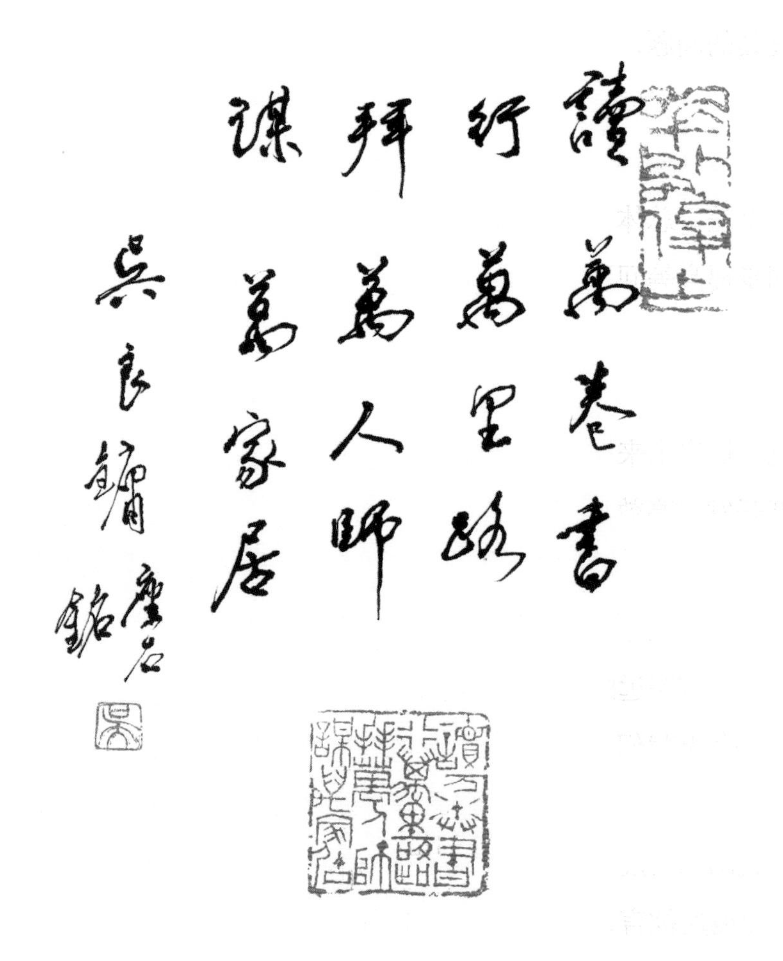

读万卷书，行万里路，拜万人师，谋万家居。

——吴良镛座右铭

是我们在新时期必须承担的伟大任务。近年来，研究所正在开展人居环境优化提质的早期研究，我们认识到，我国正在经历世界历史上规模最大、速度最快的城镇化进程，然而同时也面临环境污染、交通拥堵、公共产品和服务供给不足等“城市病”蔓延的问题，突出表现在特大、超大城市人口、资源和环境面临的挑战严峻，中小城市和小城镇公共服务水平低、基础设施水平落后，以及农村人口数量和构成急剧变化、建设用地利用效率差，总体人居环境质量并未随着城市化和城市规模扩大而同步提高等问题。着力提高城市人居环境质量是转型时期中国城市化健康发展必须坚持不懈、努力开展的工作。2016 年《中共中央国务院关于进一步加强城市规划建设管理工作的若干意见》提出未来城市工作的总体目标是“实现城市有序建设、适度开发、高效运行，让人民生活更美好。”我坚信，开展人居科学研究，对提高我国人居环境质量的认识水平，规划好、建设好、管理好人居环境，具有重要的意义。吴先生发展的人居科学具有深远的理论意义和现实的实践价值。

今天我们在故宫也谢谢单院长，在故宫召开“良镛求索”座谈会，旨在回顾人居科学的发展历史，探讨建设优良环境对促进国家发展的重要作用。感谢大家出席今天的座谈会，希望大家畅所欲言，在此我代表研究所对参加这次会议的所有专家、师长、老师、领导，主办单位中国城市规划学会、中国文物学会、中国建筑学会，以及支持单位中国工程院，表示衷心的感谢。

张　悦

清华大学教授，建筑学院书记

今天，在这里召开“行万里路，谋万家居：人居科学发展暨《良镛求索》座谈会”，我谨代表清华大学对座谈会的召开表示热烈的祝贺。

当前，中国正在经历大规模快速城镇化进程。2015 年底，全国城镇人口增加到 7.7 亿人，城镇化率提升到 56.1%。以人为本、关怀民生的人居环境建设是这一进程中的重大战略问题，“人居科学”已经成为关系国计民生的重要科研领域。

清华大学一直将人居科学作为学校学科发展的重点领域。1993 年 8 月，吴良镛先生在中国科学院技术科学学部大会上首次提出发展“人居环境学”的倡议。1995 年，清华大学即成立人居环境研究中心。2011 年，吴良镛先生获得国家最高科技奖。2014 年，在国家博物馆举办“匠人营国：吴良镛·清华大学人居科学研究展”。2015 年，吴良镛先生倡导成立“人居科学院”（Academy of Human Settlements），汇聚国内外各领域相关专家、学者，研究人居环境建设的科学理论和实践

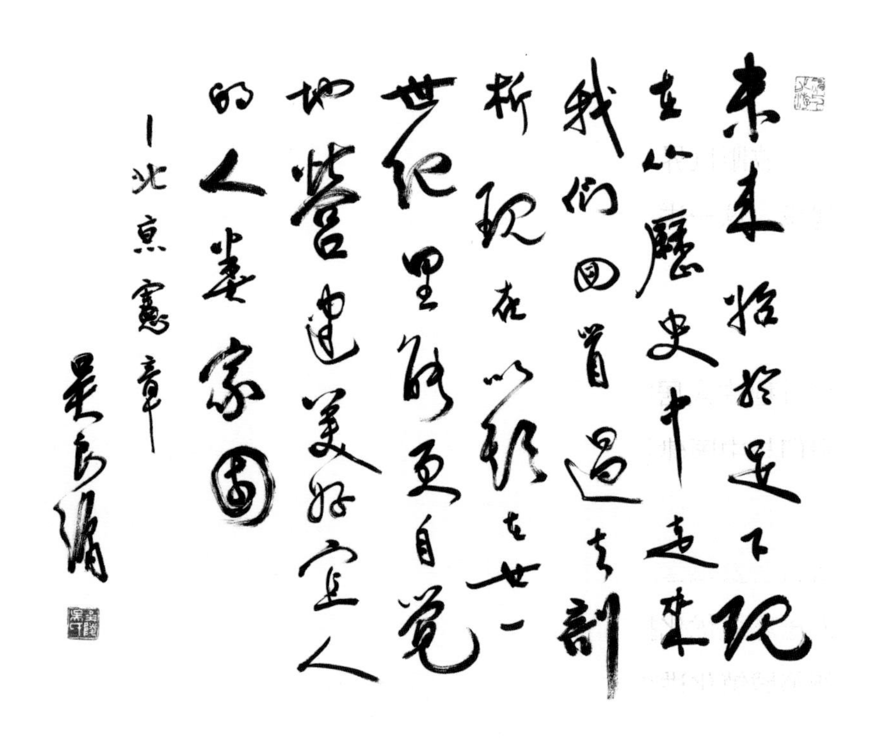

未来始于足下，现在从历史中走来。我们回首过去，剖析现在，以期在廿一世纪里能更自觉地营建美好宜人的人类家园。

——国际建协《北京宪章》

案例，为中国乃至世界的人居建设和城镇化提供智库之咨询和知识之传播。同年，国际永久编号为9221号的小行星，被正式命名为“吴良镛星”。

2016年是吴良镛院士从教70周年，清华大学出版社和人民出版社共同出版《良镛求索》。该书属于中国工程院院士传记丛书，系统回顾了吴良镛院士人居科学思想与理论体系的产生与发展过程，并提出对未来人居发展方向的展望。

放眼世界，人类正经历着规模巨大、速度空前的人居环境建设，这一进程将深刻而广泛地影响着世界的未来。在建设世界一流大学进程中，学校坚持服务国家，面向世界，全面深化改革，积极开展人居环境建设的战略性研究。为深入探讨城镇化进程中人居实践领域的重大问题和人居科学未来发展方向，我们与中国建筑学会、中国城市规划学会、中国文物学会、中国工程院一道，在故宫博物院举办“行万里路，谋万家居：人居科学发展暨《良镛求索》座谈会”，邀请各位专家共同探讨人居环境优化提质、美好人居与社区营建、人居历史与文化创新等城镇化进程中影响国计民生的新议题。

在此，我衷心祝愿各位科学同仁能够将人居科学进一步发扬光大，关注国家建设需要和世界学科发展的前沿，为中国建筑学与城乡规划学科的发展，以及有中国特色的城乡规划建设实践作出更大的贡献。

预祝会议取得圆满成功，谢谢大家！

石　楠

中国城市规划学会秘书长

清华大学跟我联系，希望召开《良镛求索》的座谈会，我觉得非常好。能有这么一个机会，大家一起认真地拜读吴先生的著作，其实是对吴先生的学术生平的一种学习。另外，从这本书中我们可以看到中国人居事业的发展，看到今天中国人居环境领域的一些新的使命。

我一直跟吴先生开玩笑，我最大的遗憾是没能当成他的学生。然而，最大的幸运，是能够一直追随着他做工作，特别是我到中国城市规划学会以后，我觉得受益良多。我首先要代表中国城市规划学会，感谢吴先生这么多年对学会的关心和支持，也感谢清华大学这次能够邀请我们共同举办这个座谈会。

《良镛求索》一书我认真拜读过，书中很多的情景、故事和内容，我还是比较熟悉的，因为我也经常向吴先生请教，对吴先生从事学术研究的大的历程是了解的，但是对于很多细节，还是读了书以后才了解的，有很多感触。特别是我觉得吴先生从一个建筑师出身，研究城市规划，直至人居环境科学，走向

外师造化，中得心源

科学殿堂的巅峰，获得了国家最高科学技术奖。我想从我们整个学术领域来讲，可以说是在此之前从来没有达到这么一个高峰的专家。

吴先生给我启发最大的是他对于人居环境的情怀，已经从基本的技术层面发展到了科学，乃至哲学和艺术的高度，关注人居环境的事业。我最近在几个场合讲，城市规划学科的发展应该遵循吴先生这种学术的思路。我提出规划学科应该有三个支柱。第一个叫“同门”，师徒技艺相传，从古代的建筑技艺或者营造技术，一代一代传承下来。后来我们有“同业”，有了城乡规划学科，有了这么一个门类、一个行当，甚至有专门的一个部门。但我觉得，我们还缺一个，这就是当年吴先生送我《人居环境科学导论》的时候写的一篇字，叫“石楠同道”，我一直觉得规划学科缺的就是“同道”，“同道”是对于人居环境的一种责任感、一种理念、一种价值的传递。这三种，我觉得缺了哪一个都不完整。从现在的学科来讲，还是比较注重技术和知识的传递，对于价值理念的培养还是不够的。我们今天来学习吴先生的著作，其实对于我们学科的发展，是个非常好的促进。

对我启发非常大的第二点是协助吴先生做学会的工作。吴先生让中国城市规划学会，从一个很小的学术俱乐部，走向一个很大的科学大家庭。尤其是吴先生一直主张，应该在中国科学技术学会这个科学家共同体大旗下面，跟其他学科更多地交流，这对我们的工作是非常大的提升。另外一方面，他自身的

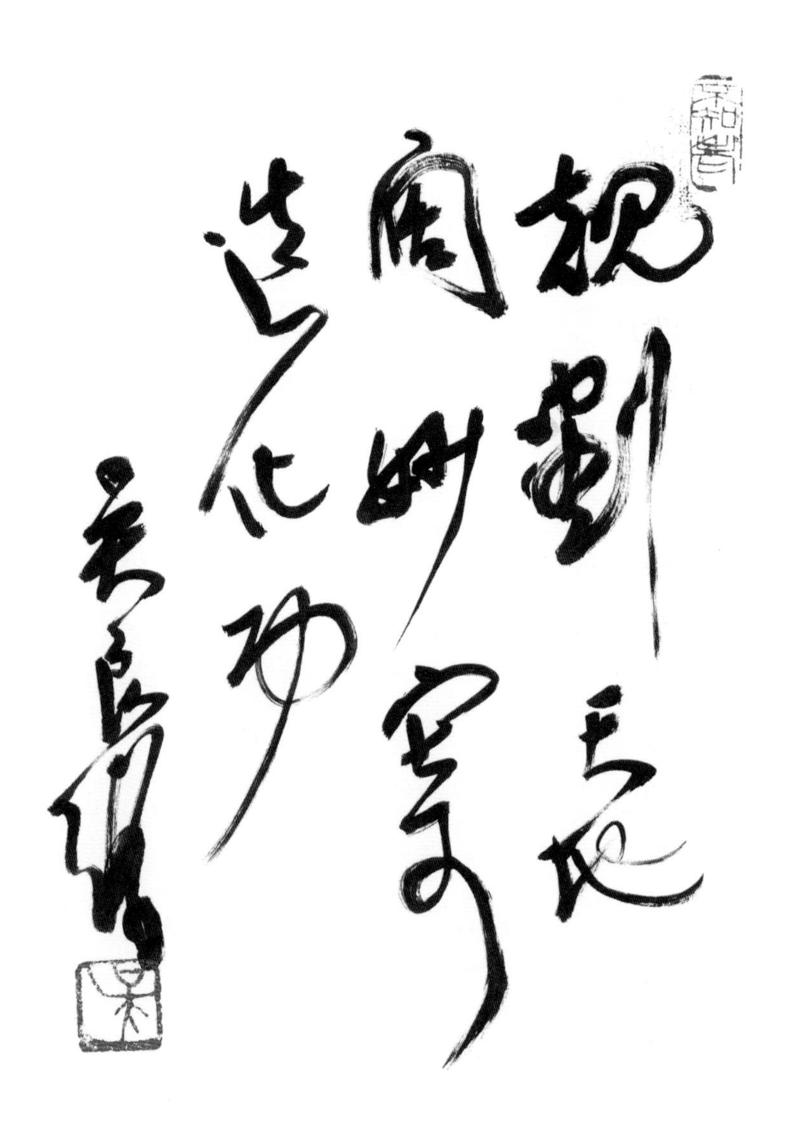

规划天地阔，妙寄造化功

研究，包括对京津冀的研究以及许多工程实践，对我们的具体工作者来讲，有非常大的启发。怎么能够让学会的工作真正做到海纳百川、交融并蓄？这可能是学会发展中最根本性的理念。也非常感谢吴先生，在2016年学会成立60周年之际，专门题写了学会的会名，我们也第一次把这个名字牌匾给亮出来。我想这也是一种象征，标志着我们的学科，确实到了一个更多地承担责任，更多地作贡献的位置。

对我启发最大的第三点是吴先生的国际视野，不仅仅在于国内的学科间的交流。吴先生多次跟我讲过国际建协的工作，包括在北京举办的国际建筑师协会第二十次大会的活动，当时也让我们参与过工作。特别是我自己参加了国际规划师学会以后，他多次跟我谈到了如何在国际舞台上讲出中国的故事，能够更多地让东方的智慧来影响，甚至引领国际学术发展。去年，联合国召开人居三大会，吴先生也非常鼓励我们，积极地参加到会议筹备以及会议文件起草、会议精神的传递中。

我所讲的是我个人感觉到的点点滴滴，非常肤浅，但能看得出一个科学家对一个学科、对于这项事业的发展，是影响非常大的。我说我来主要是学习，更多的是代表学会，或者是代表我们这个学科，感谢吴先生，感谢吴先生给我们引领了一个非常正确的方向，也给我们传递了很多正确的方法，才使得城乡规划学能够成为一个政府和民众都非常关注的，而且能够真正对人居环境改善起到实际作用的实践性学科。

顾勇新

中国建筑学会副秘书长

今天，吴良镛先生在这里举办“行万里路，谋万家居：人居科学发展暨《良镛求索》座谈会”。我谨代表中国建筑学会，对吴先生致以最诚挚的问候，并对会议的召开表示最热烈的祝贺！

吴良镛先生自20世纪40年代开始投身建筑事业，历七十余载孜孜求索，成就斐然。一部《良镛求索》，不仅如先生所言是“近九十年来的个人求索心得和反思”，更是新中国成立以来建筑事业发展历程与建筑学术演进脉络的立体呈现。洋洋二十余万字，将中国建筑领域的众多重要历史事件、人物、团体、思潮、作品娓娓道来。其中也包括中国建筑学会的创立与发展：1953年在梁思成先生等老一辈建筑学家的积极倡导下，中国建筑学会成立；吴良镛先生作为首任副秘书长参与了学会的初创工作。1999年，吴先生受学会委托作为学术委员会主席，为世纪之交的第20届国际建协大会起草《北京宣言》。该文件最终被确定为国际建协《北京宪章》，成为国际建协百

匠人营国

年历史上最重要的纲领性文件之一。从中我们不仅看到中国建筑事业随社会发展、应时代之需的持续进程，更看到一辈辈建筑学人在重要历史时刻的使命担当。

20 世纪 80 年代起，吴先生认识到“建筑必须要走科学道路”，因此他提出“广义建筑学”，创立“人居环境科学”，始终倡导研究要面向国家建设的重大需求，同时能够针对并解决现实问题。我个人对此有三点理解：一，“人居环境科学”的提法，首先是强调以人为本，把人的需求放在研究和实践的核心，环境和建筑不是冷冰冰的建造物，而是人的居所，有着人的投射和印迹；二，从“广义建筑学”到“人居环境科学”的提法，体现了打破学科藩篱，展开跨学科的整合研究，改变不同学科各自为战、支离破碎的研究格局；三，强调人、建筑、环境的和谐共生，从人定胜天、人可以随心所欲改造自然的思想，到强调人与自然、与环境和谐关系，是我们建筑观和环境观向前迈出的一大步。

近几年，随着我国经济的迅猛发展，人们的物质生活水平得到了前所未有的提高，人们不只要求吃饱穿暖有房住，而且要求吃好穿好、居住更舒适。居住环境的优化、生活质量的提升、美好居住社区的营造建设、人居环境的历史以及文化创新等已经成为城镇化进程中影响国计民生的新议题。

近年来，吴先生又举办“人居科学国际论坛”，创建“人居科学院”，不断推进建筑学科的扩展与人居科学的发展，并于 2011 年获得“国家最高科学技术奖”。中国建筑学会一直

佛罗伦萨（1981 年）

坚定支持吴先生在学术上的探索创新，并为吴先生的理想与执着信念所深深鼓舞。

今天，吴先生以鲐背之年仍不断发掘人居科学的新问题、新挑战。为此，中国建筑学会与清华大学、中国工程院、中国城市规划学会、中国文物学会一道，在此举办“行万里路，谋万家居：人居科学发展暨《良镛求索》座谈会”。诚邀各位专家就人居科学领域的共同话题畅所欲言，为新形势下中国建筑事业的发展献计献策。

最后，祝愿吴先生身体健康。预祝会议圆满成功。谢谢大家！

王元晶

中国工程院副巡视员

大家上午好！首先请允许我代表中国工程院对会议的召开表示热烈的祝贺，对各家主办单位的辛勤付出，特别是故宫博物院提供这么好的条件，表示衷心的感谢。

2014 年 8 月 30 号，我曾经作为工程院的工作人员，有幸受邀参加吴良镛先生在中国美术馆举办的“人居艺境——吴良镛绘画·书法·建筑艺术展”，在当天晚上的开幕式上领略了吴先生全方位的艺术成就，令人记忆犹新的是，吴先生当时以 92 岁的高龄，坐着轮椅抵达现场，而他老人家一直站着发言，令在场的每位参加开幕式的同志都深受感动。当时坐在吴先生左右的是匡迪副主席和周济院长，他们几次都示意让老先生坐下来讲，老先生还是坚持站着。在吴老演讲期间，多次被掌声打断，我亲眼看到不少人都是眼含热泪，而且我当时也是举着相机，在现场拍照，却对不上焦，因为我已是泪眼模糊。

今天我们在这里参加《良镛求索》的座谈会。作为中国工程院院士传记系列丛书编审委员会的成员，我本人早在去年十

罗马斗兽场（1981 年）

月，本书刚刚出版之际已经先睹为快了，还是新鲜出炉的热度，吴先生的自传在三九寒冬，给我们带来了温暖。我们的院士传记系列的书名都叫“某某某院士自传”，这本书为什么叫《良镛求索》呢？这也是吴老先生一直坚持的书名。大家注意看到，书中确实多次出现了“求索”这个词。吴先生在自序当中说道，他“以诚朴之心记录专业实践，以期待探索之心展望未来”。他说：“这是一个自觉尚称勤奋的老年建筑学人，近90年来的个人求索心得和反思”。90岁之后，他希望在健康允许的条件下，保持勤奋的精神，继续求索。现在吴先生近95岁的高龄，仍然在不懈的追求。追求国家富强、社会和谐、环境健康、人民宜居。吴先生不仅是建筑学家、教育家、艺术家，也是人居环境科学的倡导者，这是具有战略意义的思想和理论体系，走向大科学、大人文、大艺术的融会贯通，是真正的人居之道。

吴良镛先生是高瞻远瞩的战略科学家、两院院士的杰出代表，无愧于国家最高科学技术奖获得者的称号。吴先生的奋斗、求索与贡献，不仅影响着中国，更影响着世界。

再次祝贺《良镛求索》的出版，感谢吴先生为我们奉献的精神食粮，同时也感谢清华大学建筑学院的各位老师、清华大学出版社，为这本书所做的工作和努力。

愿吴先生身体健康，永葆青春。新春之际，祝在座的各位，佳节愉快，万事如意！

第二部分

主　题　发　言

吴良镛

清华大学教授，中国科学院院士，中国工程院院士

学术求索之路的回顾与展望

大家早上好！感谢大家来故宫参加这次座谈会。我因为行动不甚方便，很少参加各类活动，今天能够高朋满座，与老朋友们会面，实在高兴。

《良镛求索》一书是在我进入九十岁之后，反思来清华工作 70 年的经历，私以为尚有些值得提出的琐事，我并未将它作为一本传记，名为“求索”，一息尚存，求索不止：一方面回顾科学探索的历程，回溯、反思，亦缅怀旧友；另一方面，还是面向未来，思考前进的方向，抑或能为当代的青年人提供参考。

一、学术求索的三个“三十年”和四个“顿悟”

回顾我的一生，我是一个建筑学人，从出生到年迈九十，可以说经过了三个三十年。第一个三十年是在战乱中成长，在动荡的时局中度过童年时光，又随兄长流亡四川；第二个三十

人居科学院成立大会（2015 年 12 月 13 日）

年是从教，1946 年协助梁思成先生成立清华大学建筑系，任教至今，夙兴夜寐，甘苦自得，今年是清华大学建筑学院成立 70 周年，也就是我从教 70 周年；第三个三十年是进军科学的三十年，三十多年来，我与我的团队一起，艰苦探索，顽强拼搏，从中国国情找到一条区域、城市、建筑、园林等整体统筹的中国道路，建立人居科学理论，并探索开展了多尺度、多类型的人居规划设计研究与实践。

回顾几十年的学术人生，我深切地体会到科学理论的创新不是一蹴而就的，而是时刻保持对新鲜事物的敏感，不断注意现实问题与学术发展的情况，进行知识累积、比较研究、借鉴启发，逐步“发酵”，得到顿悟。

顿悟一：建筑学要走向科学。1940 年代，我在战火纷飞中求学，初入建筑之门，学术思想的启蒙。1948 年，赴美求学，接触到西方先进的学术思想。1950 年回国，投身新中国城乡建设，参与长安街规划设计、天安门广场扩建规划设计、毛主席纪念堂规划设计等重大项目。这一时期因制度变革、政治经济等局面的变化，有诸多困惑。“文革”结束后，我满怀激情再次投身于建筑领域的工作中，希望冲破困惑的迷雾，找到建筑学的方向。1981 年，参加“文革”后第一次全国院士大会，认识到：一方面，双肩学术责任的加重；更重要的是，建筑学专业必然要向科学发展，否则难以适应形势的要求。

顿悟二：从“广义建筑学”起步，从建筑天地走向大千世界。通过对交叉学科理论知识的涉猎、对古代人类聚落遗

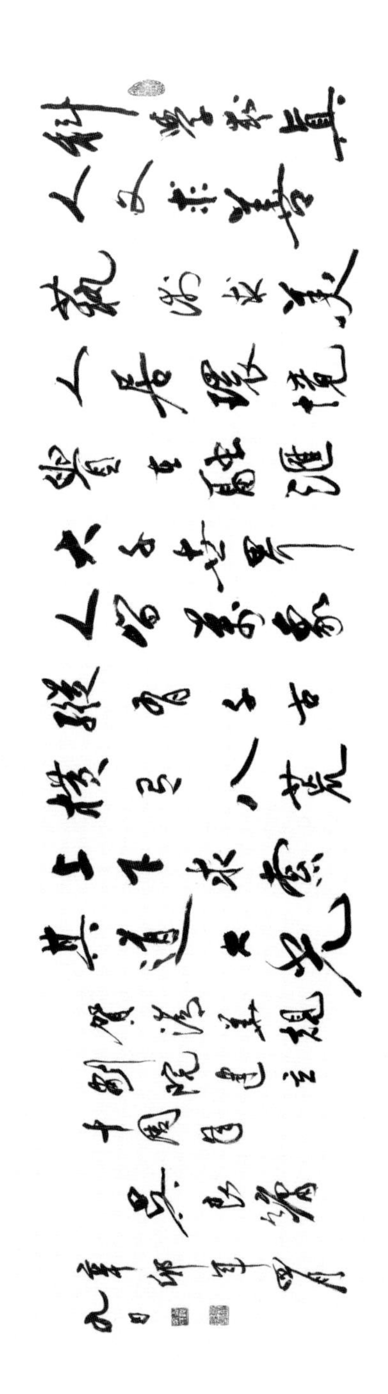

人居环境，贵在融汇

址的考察等，我认识到建筑学不能仅指房子，而需要触及本质，即以聚居（settlement）说明建筑，从单纯的房子拓展到人、到社会，从单纯物质构成拓展到社会构成，从而提出了“广义建筑学”。

顿悟三：“人居环境科学”的追求，有序空间与宜居环境。“广义建筑学”之后仍在从各方面进行不断探索，希望得到新的领悟，基于对传统建筑学因时代而拓展进行种种探索及对国外种种城市规划理念、理论的研究，逐渐理解到：不能仅囿于一个学科，而应从学科群的角度整体探讨研究，需要追求一种不囿于过去的新学科体系，1993年第一次提出“人居环境学”，人居环境科学探讨如何科学地利用空间，实现空间及其组织的协调秩序，即有序空间。人居环境科学始终以人为核心，人应当在空间中安居乐业，所有层次的空间规划设计都为人的生活服务，旨在创造适合生活生产的美好环境，即宜居环境。

顿悟四：人居环境科学涉及诸多学术领域，要走向科学、人文、艺术的融汇。全球性经济危机、社会动荡、气候变化等问题不断涌现，都推动人居环境科学变成大科学，这是非常有前途的科学。它将迈向大科学、大人文、大艺术。科学：绿色建筑、节能减排等技术的研究与应用等；人文：社会科学的融入、对社会中下阶层的关怀等；艺术：以人的生活为中心的美的欣赏和艺术的创造等。

莫高窟（1981 年）

二、人居科学院的创立与人居科学的新进展

面对我国当前城镇化的新形势与新问题，我们意识到：中国的人居问题复杂，牵涉面广，影响巨大，需要多方力量协同创新，逐步解决。2015 年 12 月 13 日，响应党中央建设“国家级智库”的号召，我倡议成立人居科学院。人居科学院的定位是研究国内外重大人居理论和实践问题的公益性学术交流平台，是汇聚各领域相关专家学者的学术共同体。人居科学院旨在研究人居环境建设的科学理论和实践案例，为中国乃至世界的人居建设和城镇化提供高端智库之咨询和科学知识之传播。人居科学院成立一年多来，在研究和实践领域都取得了令人欣慰的成果。

《中国大百科全书》（第三版）的编撰便是我们正在进行的一项重要工作，第三版将建筑学、城乡规划学、风景园林学三个学科联合起来，冠以“人居环境科学”，这是前所未有的创举。这符合学科发展的客观规律和趋势，既顺理成章、水到渠成，又是中国学者对这一科学领域发展的重要推进。与此同时，我们还在各方面力量的协助下创办《人居科学学刊》，通过学术文章的征集，汇集更多志同道合的同道，凝聚更广阔的智慧，推动有序空间和宜居环境的建设。除此之外，更多的人居科学研究与实践工作都在推进或计划之中。

当前人类正经历着规模巨大、速度空前的人居环境建设，

天山鸟瞰（1981年）

这一进程将深刻而广泛地影响着世界的未来。纷繁的矛盾、复杂的问题和尖锐的挑战，对人居科学理论创建和实践创新提出广泛的课题和紧迫的诉求。人居科学要肩负起这一伟大的时代任务。在去年10月举行的“第六届人居科学论坛”上我提出“人居科学之道”：

以人为本、安居乐业、城乡统筹、小康社会、国富民强、安邦定国、世界大同！

人居科学自产生至今已经三十余年，“不忘初心，方得始终”，我们要坚持以人为本、关怀民生，以促进中国亿万人民安居乐业为己任，为安邦定国、世界大同贡献自己的力量。

三、新的时代使命：“一带一路”的畅想

2013年中国国家主席习近平提出了“一带一路”的倡议，旨在通过“丝绸之路经济带”和“21世纪海上丝绸之路”的建设，促进沿线各国经济繁荣与区域经济合作，加强不同文明交流互鉴，促进世界和平发展，造福世界各国人民。这是对“人类命运共同体”的关怀，是“兼济天下”的宏大构想，必将开辟新局面，开启新时代。

回想我的青年时代，在重庆大学读书之时就受到了“丝绸之路”的感召：作为学生在中央大学看到张大千自敦煌归来在重庆举办的展览；常书鸿自法国回国，在去敦煌前也举行了展览；吴作人也曾一度赴大西北；此外还有朱光潜、宗白华等大

南疆（1981 年）

家关于敦煌的讲座……

一直到 1980 年代，我获得了对这一地区深入了解的机会。1981 年，我自西德访问归来，中东阿卡汉建筑基金会与中国建筑学会组织各国建筑学家沿着丝绸之路沿线考察，主题为“变化中的农村居住建设”，一个考察团队从北京到西安，经河西四郡再到乌鲁木齐、南疆，直到喀什，得以深入了解了这一地区的建筑与城市发展。1984 年，我带领当时清华大学建筑学院的几位年轻教师到西北及东南沿海地区考察，经杭州、苏州到泉州、厦门。泉州正是历史上海上丝绸之路的起点，基于厦门大学庄为玑教授的指导，对建筑与城市历史进行调查，并进一步获得了对这一地区的整体印象。

“一带一路”是中共中央提出的倡议，这必然会对中国及欧、亚、非相关地区的人居环境的发展带来新的挑战。从更宏观的战略来看，我们面临巨大的历史契机，对人居环境的发展而言，带来新路。在历史上，丝绸之路就不仅仅是一条商业贸易之路，更是东西方文化、艺术、科学、技术等进行相互交流的大动脉。

“一带一路”是一个开放包容的体系，“一带一路”的研究应当是一个开放的系统。从空间上而言，应当放在沿线国家，乃至全球网络的大视野；从时间上而言，要“向历史致敬”，亦向“未来拓路”。“一带一路”的人居环境发展也必然是一个综合的体系，在学科领域上不断拓展，在研究内容上不断充实。从经济的发展、社会的繁荣走向整体的美好的人居环境的创造。新的创造不是一天两天，而是以百年为期，可以预见，未来将

劫后宛平城（1947 年）
呈颓垣破壁状

会实现新的辉煌！

今年下半年党中央将召开“十九大”，为未来五年全国各项事业的发展定下基调，也必然要确保第一个“百年”目标的实现，实现党对全国人民的庄严承诺。在此征程中，人居环境事业应当是其中的重要内容。在文明发展的进程中有一点是始终不变的——社会要进步，人类要追求更加健康美好的生活。回顾历史，一个民族的发展始终是与美好的人居环境相伴随的，人居建设的最终目标是社会建设。我曾在《北京宪章》中提出：“美好的人居环境与美好的人类社会共同创造”，就是意图将人居建设与社会进步的目标逐步统一起来，各种设施的建设无不源于美好的人居环境与和谐社会的基本要求。

如今，我虽年已九十五，但仍坚守在教师的岗位上，仍要求自己以一种积极的精神面貌面向未来，促使自己力所能及地不断探索广阔的学术新天地，探寻哲理、问道古今，弘扬创新精神，向往民族复兴。当前我们正面临着一个大的时代，未来有无限的生机和激情。愿与广大学人一道共勉！让我们为实现中华民族伟大复兴的中国梦而奋斗！

老骥伏枥志在千里，拙匠迈年豪情未已！

单霁翔

故宫博物院院长，中国文物学会会长

吴良镛先生对文化遗产保护事业的贡献

我有幸在《良镛求索》一书成书过程中详细阅读，每次阅读都为书中的内容所感动，也曾流下感动的泪水。下面各位学者专家将从建筑、城市规划、教育、人居科学理论等方面阐述吴良镛先生所做出杰出贡献。由于时间关系，我仅从吴良镛先生对文化遗产保护所做出的贡献方面谈一些感受。

吴良镛先生是著名学者，同时也是一名坚定的文化遗产捍卫者，是继承和弘扬中华优秀传统文化的楷模；而且在文化遗产保护领域，也开辟了许多重要的和基础性的工作，成为我国文物事业的一面旗帜。

吴良镛先生本着对文化传统的深刻理解，对祖国文化遗产的无限热爱，对民族未来的高度负责，为文化工作提出许多具有历史意义的建议和意见。在中国文物保护领域，吴良镛先生是基层文物工作者耳熟能详的名字。他的睿智儒雅、博学多识，

德胜门的早晨（1957 年）

他的正直坦诚、敢怒敢言，都给人们留下深刻的印象。

吴良镛先生对于祖国文物充满深情，针对毁弃历史文化的现象，他曾气愤地说："这已无异于将传世字画当作'纸浆'，将商周铜器当作'废铜'来使用。"浓重的历史责任感、强烈的忧患意识，都源于他对中华传统文化的深刻理解。早在1980年，改革开放之初，他就对城市建设缺乏地域特色的现象提出告诫，指出"城市不问大小、不分性质，一律规划大广场、大马路、一条街。甚至对作为地方标志和骄傲的文物建筑也不加爱护，不是随意拆毁，就是偏偏要在它近旁建造高楼，以比高低。城市面貌千篇一律，抹杀地区差别，抛却了我国城市建设的某些传统"。不幸吴良镛先生的警告没有得到充分重视，以致这类问题在不少城市的建设中出现。

自1983年开始，吴良镛先生担任国家文物委员会委员，参与国家文物工作方针政策和文物事业发展规划的研究，参与国家文物工作中重大问题的决策，积极提出改进文物工作的意见和建议。他在为《中国大百科全书·建筑 园林 城市规划》卷撰写的序言中以"文化遗产保护与城市规划"作为一节，及早阐述了文化遗产保护与城市建设的关系，号召"通过全面调查、精心规划，把旧城、旧区、旧建筑合理地利用起来，使之既适合新的需要，又能保持城市的文化特性和地方文化的延续性，从而使城市规划的观念和程序也发生相应的改变"。

吴良镛先生长期以来为文化遗产事业，尤其是以北京为代表的历史文化名城的保护殚精竭虑、奔走呼号，担当起一位学

绍兴柯桥（1979 年）

者的社会责任。他十分关心北京历史文化名城的保护。自 20 世纪 80 年代以来，多次指出北京旧城面临的最大问题是“过分拥挤”。“特别是自从确定北京以旧城为中心在改造中发展的原则后，北京旧城区不断膨胀，处在不断地迁就当前要求，陷于缓慢的、持续的破坏之中”。“沿着这些年来这个路子继续下去，只能是这样的一个结果：好的拆了，烂的更烂，古城毁损，新建零乱”。

2002 年，我到国家文物局担任局长，当年 9 月，吴良镛先生和侯仁之、郑孝燮、宿白等 25 位专家、学者致信国家领导，题为“紧急呼吁——北京历史文化名城保护告急”，强烈呼吁：“立即停止二环路以内所有成片的拆迁工作，迅速按照保护北京城区总体规划格局和风格的要求，修改北京历史文化名城保护规划。”2003 年 8 月，吴良镛、周干峙、谢辰生等 10 位院士、专家提出在历史文化名城中停止原有“旧城改造”的政策建议。2004 年 10 月，吴良镛先生在部级领导干部历史文化讲座上大声疾呼：“北京市应采取有效措施立即停止在旧城内的一切大规模拆除‘改造’活动，改弦易辙！应转变现有的危改模式，‘整体保护，有机更新’，拟定新的政策条例，抢救已留存不多的古都历史性建筑风貌保护区，逐步向周边地区转移旧城的部分城市功能，通盘解决北京旧城保护的难题。”一声声呐喊，一次次拼搏，感动了社会，唤醒了民众，扭转了政策。

2005 年 7 月中旬，吴良镛先生与谢辰生、郑孝燮、傅熹年等 11 名学者联名上书，致信国家主要领导：“我们认为，通

西安郊区下沉式窑洞（1981 年）

过设立‘文化遗产日’使人民群众更多地了解祖国文化遗产的丰富内涵以及国家对保护文化遗产的各项政策，关注文化遗产的保护动态，自觉参与文化遗产保护与传承的行动，既是加强文化遗产保护工作的客观需要，也是保障人民群众分享文化资源、参与监督文化遗产保护的权利和义务。”几天之后来信得到回复，国务院办公厅随即会同有关部门研究提出意见，中国的“文化遗产日”得以诞生。如今每年的“文化遗产日”成为亿万民众共同的文化节日，文化遗产保护的理念愈来愈深入人心。

吴良镛先生调研文物保护的足迹遍布全国各地，始终对文物事业的未来充满信心。他曾指出：“说‘时机已经过去了’，其实时机并未过去，桑榆未晚，来者可追。”2009 年吴良镛先生被授予“中国文物、博物馆事业杰出人物”称号，以表彰他对于文物事业的突出贡献。我认为，吴良镛先生对文物事业的更大贡献体现在理论建树方面。

一是“有机更新”理论对于文化遗产保护的贡献

“有机更新”理论，是吴良镛先生针对北京旧城和其他历史性城市的规划建设实践，总结国际城市发展的经验教训，进行长期研究而提出的理论。其核心思想是主张按照历史城区内在的发展规律，顺应城市肌理，按照“循序渐进”原则，通过“有机更新”达到新的“有机秩序”，从物质环境的改善到城市文化的建设，这是历史城区整体保护与人文复兴的科学途径。

古蜀身毒道上（1945年，现藏于中国美术馆）
（这是古代中国对印度［身毒］的交通线之一，也称西南丝绸之路）

“有机更新”理论在1987年开始的北京菊儿胡同住宅工程中得到实践，取得了国内外广泛关注和高度评价，并获得了联合国的“世界人居奖”。近年来，在“有机更新”理论的引领下和各位专家学者的指导下，住房和城乡建设部、国家文物局持续开展中国历史文化名镇、名村评选和保护工作；文化部、国家文物局持续开展中国历史文化名街评选和保护工作，取得了积极的成果。北京菊儿胡同住宅工程也在2016年被列入20世纪优秀近现代建筑名录。

二是“广义建筑学”理论对于文化遗产保护的贡献

吴良镛先生于1989年创立了“广义建筑学”理论,采用“融贯的综合研究”方法，扩大传统建筑学的概念和视野，推动建筑学科的进步。《广义建筑学》是我国第一部现代建筑学系统性理论著作。

“广义建筑学”所倡导的“融贯的综合研究”方法，对于文物博物馆领域拓展工作思路启发很大。在“广义建筑学”的启发下，“广义博物馆”理论呼之欲出，博物馆开始不再囿于传统框架，不再将博物馆的活动空间和影响范围，循规蹈矩地限定在馆舍之内，而努力站位时代前沿，将更多的文化遗产纳入博物馆的抢救保护之列。旧址博物馆、遗址博物馆、生态博物馆、社区博物馆、数字博物馆等新型博物馆的相继出现，使人们从更加广阔的视野、更加深入的角度，将传统的博物馆理论，扩展为全面发展、兼容并蓄、动态开放的博物馆理论。

清华大礼堂（1947 年，初到清华园所绘）

三是“人居环境科学”理论对于文化遗产保护的贡献

1993年，吴良镛先生和周干峙院士、林志群先生在分析当时形势和问题的基础上，第一次正式提出建立“人居环境科学”，创建了“人居环境科学”体系。人居环境科学强调把人类聚居作为一个整体，而不像城市规划学、地理学、社会学那样，只涉及人类聚居的某一部分或是某个侧面。学科的目的是了解、掌握人类聚居发生、发展的客观规律，以更好地建设符合人类理想的聚居环境。经过长期的思考与实践，吴良镛先生于1999年在北京举行的世界建筑师大会上领衔起草了《北京宪章》,提出了引导建筑师全方位地认识人居环境的方法论。《北京宪章》被誉为世界现代建筑史上重要的宪章之一。

文化遗产是历史信息的载体，离开了人居环境，就将成为孤零零的标本。单体的文物固然重要，有着文化生态意义的人居环境更加重要，整体性的历史环境提供给人的精神记忆更加强烈，因此，“人居环境”应被认为是体现文化遗产真实性的重要部分。文化遗产的保护也应进行跨越学科和时空的探索，通过一系列先进理念、先进手段和先进方法，寻求人类明智地管理和维护文化遗产的新经验。

四是“积极保护、整体创造”理论对于文化遗产保护的贡献

2007年6月，在文化部、建设部和国家文物局联合召开的“城市文化国际研讨会”上，吴良镛先生作了题为“文化遗产保护与文化环境创造”的学术报告，阐释了“积极保护，整

九华百岁宫（1979 年）

体创造”的理论观点，倡导开展将保护与发展统一起来的理论探索。

“积极保护”，即将文化遗产保护与城市建设发展统一起来，不仅保护文化遗产本身，还要保持其原有生态和环境，新的建筑可以并且也需要创新，但是应遵从建设的新秩序，而不是“就建筑论建筑”、“就保护论保护”。“整体创造”，即通过建设过程中的不断调节，追求城市组成部分之间成长中的整体秩序，把各方面的问题综合起来考虑，化建筑的个别处理为整体性创造，既保持和发展城市建筑群原有的文化风范，又使新建筑富有时代风貌，实现有机更新。

特别令我感动的是，吴良镛先生满腔热情地支持大遗址保护和考古遗址公园建设。2007 年，吴良镛先生访问高句丽遗址时指出，“积极保护，整体创造是将保护与发展统一起来的理论探索”，“使具有 2000 年历史的山城、建筑及其环境显现出来，笔力遒劲之碑文、清晰绚丽之壁画、气势磅礴之古城址，实不愧为露天的文化博物馆，这说明规划建设、城市管理只要决策正确，措施有力，就能使这并不很大的历史文化名城争放异彩”。他还指出“应更为科学地将这些历史文化特色纳入规划之中，因此国家文物局加强‘大遗址保护’之举更显重要。‘大遗址保护’是一个值得规划工作者加以切实注意的大问题”。

我有幸成为吴良镛先生的博士研究生，得以系统学习吴良镛先生的一系列学术思想。吴良镛先生十分重视科学理论体系的构建，不断探索中国特色的发展之路。在这些文化遗产保护

西安烽火大队的农舍（1981 年）

理论的启发下，使我进而思考并提出文化遗产保护和城市文化建设理论研究新的课题，对遗产大国与遗产强国、单体保护与整体保护、政府保护与全民保护、有效保护与积极保护、文化遗产与文化资源、文化积累与文化创造、文化定位与文化复兴、城市时代与文化时代等方面的关系给予新的思考，试图采取更加积极的方针，更加科学的方式，更加有效的方法保护文化遗产和建设城市文化。

吴良镛先生是建筑界难得的思想家，在世界范围内具有重要学术影响，以其严谨学风、务实精神和坦荡胸怀，赢得业内外的尊崇。同时，他在教育界、文化界享有崇高的声誉和威望，学贯古今，硕果累累。但是吴良镛教授为人谦和，从不以“大师”自居，总是称自己为“建筑师”、“教师”、“学人”。2012年2月14日上午，90岁的吴良镛先生获得了国家最高科技奖。但是，吴良镛先生几年来并没有因此而稍微停息一下手中的工作，仍然一如既往地辛劳在讲台上、案头前。

吴良镛先生热爱祖国、热爱人民，以国家的繁荣富强为追求，以民众的幸福安康为己任，将全部心血和智慧都倾注于他所热爱的事业。他深情地说：“探索中国人如何能有一个更好的居住环境，更好地生活、学习、研究和工作，这是我庄严的责任，也是应尽的义务。”吴良镛先生怀着一颗赤子之心，践行理想，倾力投入，矢志不渝，对事业有着经久不衰的激情。先生说：“我毕生追求的就是要让全社会有良好的、与自然相和谐的人居环境，让人们诗意般、画意般地栖居在大地上。”

勿谓湖小，天在其中（绍兴东湖，1984 年）

长期以来，他就是以这样的忘我情怀，一路安身立命，著书立说，辛勤工作，行事为人。

多年来，在吴良镛先生的身上我们看到了一位学者顽强的生命力。在建设事业最为艰难的时期，他不为困苦所惧；在建筑事业繁荣发展的阶段，他不为利益所诱。他始终保持正直学者本色，在学术界树立起一座丰碑。他不畏病魔，不惧困难，始终保持乐观向上的精神。这些在当今社会里，在现实生活中，更加难能可贵，也更加具有教育意义。吴良镛先生总是在一步一个脚印的前行中推进理想的实现。工作中的他是成果丰硕的专家学者，知识渊博，学问精湛，笔耕不辍、著作等身。生活中的他谦逊平和，与人为善，淡泊名利，坦荡磊落，这些都给人们留下深刻的印象，倍受师生们的尊重和敬仰。

吴良镛先生给我们留下最深刻印象是刻苦、渊博、坚强。在先生的身上既有“责任在身，当仁不让，据理力争，刚直不阿”的负责精神，也有“实事求是、爱憎分明、胸襟坦荡、虚怀若谷”的文化情怀，还有“才能卓越，学识非凡，博闻强识、厚积薄发”的人格魅力。他敢想人所未想，敢做人所未做，敢言人所未言，对事业有赴汤蹈火的激情和无限忠诚的担当。他的无尽学养和职业道德，他的锲而不舍和一丝不苟，永远激励我们脚踏实地，勤奋工作。每当看到吴良镛教授忙碌的身影，我们心中都会坚定起努力拼搏的信心。

第三部分

重　点　发　言

傅熹年

中国工程院院士，中国建筑设计研究院研究员

吴良镛先生的求索

我讲一下学习吴先生这本著作的一些体会，我拿着这本书，一看这“求索”两个字，觉得很眼熟。我想，是不是《楚辞》中“路漫漫其修远兮，吾将上下而求索”的意思，反映了吴先生一生的勤奋追求。

吴先生这部自传，既是吴先生一生奋斗的经历，也反映了随着国家建设发展，吴先生综合国内外先进学说，中西交融，推动建筑学全面深入发展，走向世界先进行列的科学进程，是巨大的学术成就。从聚居论，发展到广义建筑学，提出建筑学应当包括人、建筑、自然、社会等复合的社会现象，并深化了对建筑学的认识，使它与人居、社会、国家建设等联系在一起，拓展和深化了建筑学。以后在这个基础上，逐渐发展出人居环境科学，更加适应我们国家建设发展的需要，撰成《人居环境科学导论》，反映了我国改革开放以后，伴随大规模建设，在理论与实践结合方面的极大提高。随后在这个基础上进一步发展，继而把建筑史、城市史、人类史三方面合并进行研究，推

有所專而又多能
精於一而又博學

梁思成師治學格言
學生 傅熹年敬錄

此作品为傅熹年先生在“科学与艺术：中国工程院院士书画社香港展览”参展作品

动了学科深入发展，完成了《中国人居史》的研究和撰述，反映了在这方面的技术和创造。

除了在学术研究和理论创新方面的几大工作和创新成果外，在实践上，吴先生也做了大量的工作。著名的北京菊儿胡同改造工程反映了吴先生在北京城建筑文化遗产保护和创新上倾注了大量的心血。此外，孔子研究院、红楼梦博物馆等的规划设计都独具匠心，反映了吴先生在理论与实践结合上也投入了大量的心力，在传统与现代的结合上树立了典型的榜样。

正是由于吴先生在理论和实践上取得的重大成就，得到同行和学术界的公认，最终获得国家最高科技奖，得到国内和国际的公认，为建筑界理论与实践结合树立了榜样，这是值得我们深入学习和领会的。借此机会，我也向吴先生致敬。

马国馨

中国工程院院士，北京市建筑设计研究院有限公司顾问总建筑师

求索不止的人生

感谢座谈会给我一个机会，可以汇报一下学习了《良镛求索》之后的亲身感受。在收到吴先生的书以后，当天晚上就通读了一遍，因为自1959年入大学到现在，受教于先生也将近六十年。先生书中叙述的许多情节和自己的成长过程是同步的。甚至是共事和亲历的，而书中也有许多自己并不知道的故事和内容，加上全书又是图文并茂，所以除了阅读的吸引力之外，还有许多亲切感。工程院的院士传记现在已经出版了三四十册，我也陆续读了一些，从中也学习到这些院士的许多事迹和精神，但是比较下来，还是吴先生这一册印象更为深刻。

先生在自序中提到，本书是“以求解之心面对严峻问题，以诚朴之心记录专业实践，并以期望探求之心展望未来。”是“近90年来的个人求索心得和反思，是对自己的内省、心得与认识，不表功，不盗名”先生就是沿着这样的思路来解读他的人生之路。因为先生说过他的人生是由三个三十年所构成的，这也是自述中的三个主要部分，但对这三个三十年，我在阅读时关注

海淀镇外（1947 年）

的重点还是很不一样的。

第一个三十年我读得非常仔细，因为对于先生的家庭、童年、受教，到抗战、流亡，以及后来到美国匡溪留学等，虽然篇幅都不长，但都是过去从未听说过的，所以这些内容都非常吸引人。同时正因为了解到先生生于忧患的曲折经历，也就能更好地领会为什么先生时时把张载的名句“为天地立心，为生民立命，为往圣继绝学，为万世开太平”时时挂在心上的忧国忧民之情。

第二个三十年我更关心和注意先生总结的人生感悟。这一段是我们国家的建筑行业跌宕起伏、大起大落的时代。又是我们求学、工作时的亲历，从先生的字里行间我寻找到许多先生所透露的成功秘诀。如先生总结的“先行一步”。在抗战时期先生就从梁先生的先行一步而启发自己要“有对新鲜事物的敏感，洞悉时弊、胸负酝酿……”，同时将此领悟用于思考治学的事业，要“思想先行”，又如先生总结的荀子名句“学莫便乎近其人”，说的是最方便的学习就是去接近名师和贤人，尤其在遇到困难或决定大方向时，如身边能有高明的老师和朋友来指点和引导，就可以“择其善者而从之”了；又如“贵在融汇，以少胜多”，这就是人们过去总结清华的“会通古今，会通中西，会通文理”的说法，这样才能像先生那样“集中在大目标，大概念下聚焦”；又如在组建教师队伍等人才问题上，先生主张“君子爱人以德”，从这点出发，先生总结了“得人”如汪坦先生和关肇业先生的例子，也有“失人”如傅熹年和英若聪先生，

雪后昆明湖（1960 年）

类似的感悟警句书中还有许多，如“复杂问题，有限求解”，“一致百虑，殊途同归”等等，都是较有指导性的、启发性的，因时间有限不一一列举，都有待我们进一步去发掘领会。

第三个三十年就是先生退出行政工作以后全心投入探索创造的三十年，广义建筑学、人居环境科学等重要成果的开拓和推进，国家最高科技奖的获得（2012 年），这三十年是先生取得大丰收的“黄金时代”。记得先生曾对我提到过，他的主要成果都是 60 岁以后取得的；但不是所有的人 60 岁后都能取得这样的成就。先生坚持“一息尚存，求索不止”的信念，“心无旁骛，持之以恒”，最后达到“不忘初心，方得始终”的境界。这种治学态度，研究方法是值得我们终身受用的，这里就不再展开了。

最后顺便也向清华大学建筑学院提两点建议，先生的自述由于篇幅有限，对人生经历和学术道路加以提炼、归纳和总结，许多地方只是点到为止，需要组织力量，全方位地深入发掘和总结，以利于后学者的领会和学习。另外按照工程院对院士自传的体例要求。最后都附有生平年表和著作目录，尤其是年表，要以时间为经纬，全面细致地录述，是细致而辛苦的基础工作。此前出版的梁思成先生全集中的生平年表我以为就不尽理想，因此不管是年表的简编还是长编，都要尽早提前着手。像我们班的蒋钟育同学已故的父亲蒋天枢先生的重要学术贡献就是陈寅恪先生的年谱长编。希望学院通过这些工作把对先生的研究的更加深入全面。

对松峡（1947 年）

这里我想用在2012年参加清华“第二届人居科学国际科学论坛”同时兼庆先生九十大寿时的一首小诗做为结束：

人文求普科学真，艺术逐美告觅筑。

业法四海求广义，寿望九如颂德馨。

固丰宁邦行载事，融环汇境万家村。

情系苍生栖诗意，秉烛探源解迷津。

诗中“九如”语出《诗经·小雅》，指如山、如阜、如陵、如冈、如川之方至、如月之恒、如日之昇、如南山之寿，如松柏之茂之意。而“秉烛”句是指先生写的《中国人居史》时的自谦之句，“我们只是点燃了一支小小的蜡烛”。最后再次祝先生健康长寿，谢谢。

吴硕贤

中国科学院院士，华南理工大学教授

大象无形：读《良镛求索》后感

吴先生将其书《良镛求索》寄给我，我如获至宝，认真拜读了一遍。

吴良镛先生是我的恩师，没有他就没有我的今天。当年我在清华硕士毕业后，要继续读博士。但当时清华建筑学院只有吴良镛先生是博士生导师。虽然他不是我的硕士导师，但是当他了解到我博士论文拟开展城市交通噪声预报与城市防噪规划方面的研究时，他觉得这一选题很重要，很值得研究，便同意接收我作为他博士生的开门弟子。他还建议并帮忙联系马大猷院士作为我的校外导师，协助进行指导。这使得我能够在1984年顺利毕业，成为我国建筑界自己培养的首位博士。我博士毕业时，吴先生还很想留我在清华工作，作为他的助手，只是因为当时我家在福建，离京很远，我想到南方工作，离家近些，方才未留清华工作。

我从事的研究工作偏于声学与建筑学的交叉，侧重对人的听觉关怀，许多建筑学专业的人士对此会有所忽略，或不甚重

闽海雄风（1979 年）

视，然而吴先生与众不同，他高瞻远瞩，目光深远，很早就认识到建筑学必须扩大相关研究领域，必须以人为本，确实改善人居环境品质，因此很重视人居声环境的研究，重视听觉关怀。这正是吴先生比别人高明许多之处。我毕业后，他仍然关注我的研究进展，多次邀请我回校做报告、撰写相关论文在其主持的刊物发表，甚至亲自到场听我的报告，着实使我十分感动！

遵循吴先生的教导，我毕业后除继续从事建筑环境声学的研究外，也关注建筑学与城乡规划学的相关研究，例如开展建成环境使用后评价的研究。

今天我想向恩师汇报的是我近来对改善人居环境，做好城乡规划的哲理的一点认识。我认为过去我们在城市规划方面之所以发生许多问题，一个很重要的原因是未能从中国古代传统哲理中吸取必要的智慧。例如，老子关于大音希声、大象无形的论述就应当成为指导我们今天城乡规划的重要哲理。

老子的《道德经》言："大音希声，大象无形。"关于"大音希声"，魏晋时的玄学家王弼注释道："听之不闻名曰希，不可得闻之音也。"关于"大象无形"，王弼注释道："有形则有分"，"故象而形者非大象"。

王弼的注释是十分正确的，"大音希声"，即指无声，指音乐中的停顿，指静谧。

音乐是时间性的艺术，在其演奏过程中，总是实虚相间的。实可以是"宫、商、角、徵、羽"等各种音调的乐声，而虚则指各乐音之间的停顿与各乐段之间的间歇，即"希声"。唯有

古避暑洞（1980 年）

此“希声”足以与“宫、商、角、徵、羽”等实音相对而存在，故唯有它能“统众”，可以称为“大音”。

在音乐欣赏中，这种“希声”、这种停顿与间歇是十分重要的。在作曲家创作的乐谱中，必须运用休止符来标记音乐的暂时停顿或静止。音乐无论从微观、中观或宏观角度看，都必须用到“希音”，即休止、静谧。从微观而言：各音之间必须有休止；从中观而言，各乐句、各乐段之间必须有停顿；从宏观而言，各交响乐的各乐章以及呈示部、展开部、再现部等之间必须有中止，从而实现其划分与组合结构的功能。

如果音乐是由不间断的长音来组成的话，那就丧失了音乐这种时间性艺术的节奏与韵律之美感，成为不堪卒听的噪声。

从音乐这种听觉艺术、时间性艺术中“大音希声”的重要性，推广到绘画与建筑规划这种偏重视觉与空间性艺术领域，就不难理解“大象无形”这一哲理的重要性及其给予我们的诸多启示。

在城市规划设计中，注重“大象无形”的理念与“留白”的手法尤其重要。所谓在城市中“留白”，即要注意留出足够的户外空间以及未开发、建设的土地和空间，并合理地加以分布。这些未开发的土地和空间，可以是山峦、河川、湖沼、湿地、池塘，可以是森林、公园、果园、园林等绿地，甚至也可以是田野和农地。它们具备防灾减灾功能，可以作为城市泄洪储水的区域，并可补充、涵养城市地下水，也可以作为灾害发生时的避难地。这也是我们提倡建设海绵城市的缘由。它们具备保

月牙泉（1981 年）

护环境的功能，有助于缓解温室效应，防噪降噪、形成安静区域，还可以起到防尘和净化空气的作用；它们具备生态功能，可以作为有利于生物生长和迁徙的处所与廊道，有助于维护生物多样性和形成良好的生态系统。总之，有了这些户外空间和未开发的土地，我们的城市将更低碳、更环保、更宜居、更具备可持续发展的潜力。

因此，我认为"大音希声、大象无形"应成为指导建筑设计尤其是城市规划的重要哲理。它启示我们在设计规划中，无论从微观、中观乃至宏观角度出发，都要注重留白。尤其从宏观角度而言，应在各城镇之间留足必要的自然山川、湿地、农田等生态绿地或绿廊。这是创建生态、宜居城乡的题中应有之意和必要前提。如斯，也方能形成空间的节奏、韵律与美感，改善人居环境，建设美丽中国。

下面，我用一首词来简要加以概括：

水调歌头　大象无形

规划如何做，理念未厘清，不知疏密相间，煎饼总摊成。湿地湖沼填塞，建起高楼林立，拥堵路难行。一遇暴风雨，洪涝必频仍。

转思路，多留白，重无形。社区市镇，留足绿地与田塍，还有河川丘岭，构建连通廊道，山水绕青城。百姓宜居此，永续享安生。

谢谢大家！

张钦楠

中国建筑学会原秘书长、副理事长，城乡建设环保部原设计局局长

善其用，美其形，壮其势：读《良镛求索》

前两天在自己的电脑中看到一张旧照片，是 1950 年 9 月美国克利夫兰总统号轮船上几十名中国归国留学生的集体照，里面除我的哥哥和几位好友外，还有吴良镛先生。我不仅想起从 20 世纪 50 年代到今天的峥嵘岁月。在这近 70 年的历程中，有人成功、有人遭难、有人沉沦、有人退却，但吴先生以极其坚毅的精神不仅战胜了种种困难，而且为国家、为人民做出了卓越的贡献。我为此感到鼓舞。

吴先生对国家所做的贡献是多方面的，在我印象中最突出的有：

——他继承了梁思成先生开拓清华大学建筑系的事业，在极其复杂的环境中，与众多老、中、青学者一齐，披荆斩棘，战胜了各种“左”和“右”的干扰，建立了我国最杰出的、名列国际最佳行列的建筑学院。

1950 年 9 月克利夫兰总统号返国留美同学合影
第三排左起第三人为吴良镛

——在 20 世纪末，当全球化的浪潮席卷世界之际，他组织了中国八大建筑学院以及一些国际知名建筑学者，制定《北京宪章》——也就是建筑师（特别是发展中国家的）应对这个浪潮的战略和策略。这个宪章，在国际建协 1999 年在北京召开的第二十届世界建筑师大会上，就像一场及时雨，得到了来自 100 个国家的建筑师代表们的赞同、欢迎和支持。

——在国内外多种建筑思潮的缠绕下，他对新时代建筑学在理论上作了深刻的探讨，先后提出了广义建筑学和人居科学的新思想，并在自己的设计实践中（如北京菊儿胡同）做出了典范性的实施。

吴先生关于人居科学的发展和贡献很多，仅就这三项而论，就可以断言，在 20 世纪下半叶中，不论是国内或国际，吴先生的贡献都是最杰出的，处于领先地位。

在他的诸多论点中，我认为最深刻的是我们的人居建设要从“金钱经济”转向“民生经济”的必要性。他的这个核心观念已在最近发表的中央领导关于“房子是用来住的，不是用来炒的”的警句中得到了有力的支持和确认。

现在 21 世纪已经过去了将近五分之一。国际形势风云聚集，中国屹立在这股复杂的洪流中，稳中求进，取得了卓越的成就，但是，我们仍然必须清醒地看到自己的不足，培养相应的忧患和警惕意识。现在，我国是世界上第二大经济体，但是，就国家竞争力来说，据说我们只排队到第三十几位（又说是第八十几位）。我国企业的生产率——各项效益（经济、社会、环境、

塞纳河上远眺巴黎圣母院（1987 年）

资源效益）——很多还远低于世界先进指标。可以说，现在我们或多或少地还处于“人海战术”的状态。随着我国经济的继续发展，这个经济规模与效益之间的差距将日益成为社会无法承受的负担，需要我们高度重视。

与此相关的，令人担忧的是我国的市场经济中，存在着严重的投机因素。特别表现在股市和楼市中。我国的房地产业为国家做出了很大的贡献，但毋庸讳言，它也存在（特别是近期）着严重的投机性。一有风吹草动，就会出现众人上市炒房，甚至有老年人为了炒房而急忙办理离婚手续的笑话。这充分说明了吴先生提出的“金钱经济”的危害性。这种投机性的存在和蔓延，严重歪曲了我国的城乡建设和人居环境的发展方向。

因此，如何消除这种投机性，让人们不去梦想在一个晚上就能“发财致富”，而是每个人在自己的岗位上持久地、认真地、一丝不苟地靠自己的劳力和智力在提高效益上下功夫，赶超国际先进水平。这不是一项单纯的技术问题，也是一个振兴民族意识和提高民族素质的大问题。在这种形势下，我们仍然需要取得老一辈学者的引导。

在此，我引述吴先生在他最近出版的《中国人居史》的结束语中的一段话：

“今天的中国同时面临着‘最优越的机遇’与‘最尖锐的矛盾’。从世界范围来看，经济、环境、能源等领域也危机四伏，是一个全球性大转型的时代……（我们）要有‘仁以为己任’的胸怀与大度……方能实现‘人’与‘地’的善其用，美其形，

天山（1983 年）

壮其势，方能最终实现国泰民安”。

我理解：“善其用”，指的是提高我们产品的质量、水平和效益；“美其形”指的是提高我们设计的文化水平和价值：“壮其势”，指的是我们在各方面都要屹立于世界先进水平。这九个字就是我们今天的努力方向。

以上是我一些粗浅的体会，错误之处，欢迎批评指正，谢谢。

钮德明

北京市城市系统宫城研究中心研究员，北京决策咨询中心原主任

读《良镛求索》的感悟

一、高山仰止，心向往之

读《良镛求索》，感受到两股力量的强劲冲击：

一是“一息尚存，求索不止”的人格力量。

再是贯通，综合、兼容并蓄的思维力量。

前者，是一颗跳动着的“中国心”。

后者，是一颗充满中国智慧的头脑。

（一）人生之路

我和吴良镛先生是“亦师亦友”的关系。按吴先生的说法是“同志加同道”。对我来说，“同道”不敢当，努力为之。

“道”是个大概念。有多层含义。“朝闻道,夕死可矣。”“道不同，不相为谋”。“技进乎道”。“君子爱财，取之有道。”……此处我借用汉代董仲舒所云：“道者，……路也。”谈一些我的感悟。

栈桥俯瞰（青岛，1985 年）

人生走什么路？科学研究走什么路？这是中国知识分子必须回答的两个大问题。

《良镛求索》以“求索”两字概括了吴先生一生所走的路。非常精准、非常珍贵。

“求索”是人之常情。

问题是“求索”的目的、内容和动力。

求名、求利、求官，大有人在。“争名于朝，争利于市”，这些都是有志者们所不屑的。

吴先生一生求索的是科学研究的正确方向；人类居住的更好环境；如何与和谐社会相融合；以及如何培养团队，使事业可持续。

这些求索，都是急国家之急，应人民之需。其境界、其难度远远超越一般科研工作。

求索的本质要求是寻找规律。早在1978年，吴先生从美国、墨西哥考察归来，为《世界建筑》写创刊词。主题很鲜明：“研究国情，了解世界，探讨规律”。

吴先生汇集古今，环视全球，实践试点，毕生孜孜寻求人类居住的发展轨迹。《广义建筑学》、《人居环境科学导论》、《中国人居史》等都是吴先生寻求人居规律的科研历程和成果结晶。

（二）哲理思维

吴先生的哲理思维，体现在方方面面。诸如：复杂问题有限求解，哲学方法论的“顿悟”，逻辑思维与形象思维相结合，

香山见心斋（1985年）

融贯综合方法以及城市研究的哲学基础等。

在宏观层面，最令我耳目一新的是他把人居融入天　地　人的大系统中。

中国哲学首先关注天、地、人的关系。

“天人一体”是中国人宇宙观的核心理念。

“究天人之际”，道出了历代中国先知们的崇高追求。

吴先生把人居研究的视野拓展到全球、大地、生态的大环境中来考察。明确指出：人居环境的核心是人。自然是人居环境的基础。生态环境是包括人在内的一切生物安身立命之所。

吴先生进而提炼为：“时间—空间—人间”，“以人为本”的大时空观。

吴先生还以中国人的和合思维，富有创意地提出：“科学求真，人文求善，艺术求美，人居环境贵在融汇”的论断。语如其人，吴先生本人既是科学家，又是人文学家，还是艺术家。唯其如此，才能把人居环境提高到兼具真、善、美的人类绝妙佳境。

（三）战略意识

吴先生具有很鲜明的战略意识。对一些重大问题能从战略高度加以审视。

1990 年北京亚运会场馆选址，几经比较，选定了吴先生指导下提出的“大分散、小集中”方案。多数新场馆分散建在北京诸高校，避免亚运会后，场馆大量闲置，并可推动大学生

西山红叶（1980年代）

的体育活动。事后证明，这是个统筹兼顾、平战结合、有战略远见的好方案。

难能可贵的是，吴先生的战略意识已渗透到对科学领域的思考。

他基于“无序性与有序性共同构成世界本质”的认识，鲜明地提出“战略”包括“对世界事物和发展中的无序性因素的正视、反抗和作用”。

城市和区域是个复杂巨系统，存在许多无序因素，难以认识，更难把握。因此，吴先生提出的科学战略思想极有助于我们对城市和区域等复杂性大系统的研究。

吴先生还把空间战略列为规划编制工作的科学路线中的重要环节。

“区域研究—空间战略—行动计划，然后进入总体规划编制”。

这条科学路线来之不易。对此，我有亲身经历：在既没有区域研究又没有空间战略的前提下就搞城市总体规划。顺序颠倒了，前提不具备，何谈科学？

吴先生还具有很强的战略研究的领导能力。在“京津冀空间发展规划研究”这项大型的战略研究系统工程中充分体现了：

· 预判形势，主动建议，争取立项的战略远见；

· 大型复杂课题设计的战略构思；

· 组织多学科、大兵团作战的战略指挥能力；

兴坪（1986年）

· 沟通二市一省诸方面的战略协调能力；

· 遇到阻力，坚持一、二、三期持续研究的战略定力。

吴先生在讲到人居环境规划建设时，提出“战略上的最高境界”和“艺术的最高境界”两种最高境界的高度结合。在更高层次上体现了吴先生对战略的深刻理解，并自觉融入他所从事的业务领域中。

（四）中国智慧，中国声音

我和吴先生相识已久，真正相知是始于我读了《北京宪章》。

1999 年，第 20 届国际建筑师大会把按惯例原称为《北京宣言》的吴良镛所作的主旨报告，提升规格，改称为《北京宪章》。该宪章思路清晰，观念新颖，气势非凡，真是充满中国智慧的大手笔。

《北京宪章》对时代的判断和对前景的展望，给人印象最深：

“20 世纪是‘大发展和大破坏’的时代”。高度概括了 20 世纪真实的矛盾状况。

“发展与破坏并存”。非常尖锐、确切。我们都亲身感受了既为城市现代化而喜，又为不堪回首的“建设性破坏”而忧。

“21 世纪是转折的时代”。环顾国内外，“转折”确已成为当今时代的主流。

“一致百虑，殊途同归”。既体现了中国人的哲理思维，又道出了“世界大同”的前景愿望。

热带雨林（1989 年）

《北京宪章》以其权威性，把充满中国智慧的声音传播全球。

（五）功成名就，仍不休

吴先生已功成名就：两院院士、国家最高科技奖、小卫星命名、抗战老兵、硕士、博士桃李满天下，以及“北京宪章”等等。

这些都不是一般的荣誉，而是一座座人生高峰。吴先生集诸高峰于一身，何等难得！

中国古人赞赏“功成、名就、身退”。可是，吴先生却功成、名就、仍不休。如今95岁高龄，仍孜孜于“求索”的最前沿。

是何种力量在驱使？

从《良镛求索》，吴先生自述中找到了答案：

“‘姑以人生百年为喻’，已进入一个更关键、更伟大的时代。我必须警惕不要轻易失去这最后的‘人生单元’。”

“面对时代的召唤，我虽已年迈，仍然充满期待，充满激情。”……

他还忧国忧民，在书的末尾，语意深长地嘱咐：“强邻压境，不能掉以轻心，不能气馁”。

读到这些出自95岁高龄学者的肺腑之言，我这87岁半的人感慨万千，激动不已。

看来，“鞠躬尽瘁，死而后已”的遗传因子，已在我国先进群体中，世代相传。

中国先贤对人物“不朽”的标准是：“立德、立言、立功”。

雨中武当山（1980 年代）

吴先生早已有此“三立”了。

我认为他不是追求“不朽”,而是不为、自为,当然的“不朽”。

高山仰止，心向往之。

二、言传身教，如沐春风

吴先生善于言教，更长于身教。与先生相处，如沐春风，在潜移默化中，深受教益。

（一）对梁陈方案的积极心态

《梁陈方案》是北京城市规划史上一件有争议的大事。

由于事关北京古城的命运，又有复杂背景，人们对此，或语焉不详，或避而不谈，或引发许多不满议论。

《梁陈方案》在我内心一直是一件付出沉重代价的纯负面教训。留在我记忆中的是可惜、遗憾与无奈。

读《良镛求索》，吴先生对此事则有比较积极的心态：

首先，书中客观如实地记述了据他所知的当时情景，留下了历史的真实。不管是经验还是教训，都是历史的财富。吴先生等前辈是这段历史的见证者。

其次，当了解到《梁陈方案》被批判、抛弃，并已无挽回希望时，吴先生联合一些专家，几经努力，提出一个把“以旧城为中心”和“在西郊另建中心区”结合起来的折中方案：此方案得到梁先生的认可，并已征得一些权威机构的赞同。

迎客松（1979年）

“败棋中有胜着”，保留一些“胜着”，也算亡羊补牢。可惜，后来由于政治运动的冲击等原因，此折中方案未能最终制定。

第三，更为难得的是，吴先生不限于就事论事。经过深思，他跳出个案的局限，提升到规律性的认识，悟出《梁陈方案》之争，实质上是保护与发展两种对立观念之间的矛盾。当前，我国正在轰轰烈烈进行城市建设，防止只求发展，忽视保护的“建设性”破坏，有普遍意义和现实价值。

改革发展大浪中，会不断出现许多矛盾、冲突。同样是面对现实，如能抱以更积极的心态，可以获得更为丰富的思维营养。

（二）北京规划应作“整体思维”

20 世纪 90 年代，在一次学术研讨会的间歇，我与吴先生谈到大城市人口控制问题。我说，这是个全球性难题。1980 年联合国人口署在罗马召开以“人口和城市未来”为主题的国际会议。我作为北京市两位代表之一（另一位是行政领导），应邀出席，为参会作准备，在原有调研总结的基础上，对北京当时的人口状态补充归纳成五句话：“大控制小发展”，“小控制大发展”，“不控制乱发展”，“发展是必然的”，“控制是有效的”。

前三句，是对当时北京人口状态的无奈描述。第四句“发展是必然的”，是指发展规律，大趋势不可阻挡。第五句“控制是有效的”，其实，此话仅是一种愿望，实际收效甚微。事

南京六朝松（1995 年）

实上，北京历次规划所定的总人口限额屡屡被突破。北京容量有限，人满为患，苦无出路。

在那次交谈中，吴先生说关于北京人口归纳的几句话，他已听说过，北京人口确实难控制。接着，向我简要阐述他的观点：北京的规划要作整体思维，城市矛盾要区域求解。

回顾那些年，我们的规划实践，也已注意到空间拓展，但空间的范围，是被动地、逐步扩大的。先是跳出市中心（62平方公里），“退二进三”，退出二环路，进到三环路；进而又拓展市区范围，由109平方公里增至360平方公里。后来又被迫拓展到全市域16800平方公里，仍然未能跳出北京的城市圈子。当时认为，受体制的限制，超出16800平方公里不是北京所能考虑的。

随着形势的发展和认识的提高，特别是近年来，中央最高层把京津冀协同发展提升到国家战略后，情况发生很大变化。北京的发展终于开始摆脱市域的束缚，与天津、河北统筹规划，协调发展。

吴先生的从局部拓展到整体的“整体思维”应验了。

（三）作规划需要智商，更需要情商

2000年，吴先生安排我担任京津冀大课题顾问，兼经济组组长。在赴河北调研时，深切体会到京津冀两市一省中，河北是弱势。长期以来，河北省默默做了许多贡献。特别是北京市受益更多。可是，河北发展最慢，排位一直在最后。

石宝寨（1996 年）

其实，按照市场公平的价值规律，河北不应是弱者。

对待弱势地区，在规划研究时要更加关注。在这方面，我又得到吴先生的言传身教。

我多次随吴先生考察石家庄、保定、廊坊等地。吴先生人熟、地熟、情况熟，有如回到自己的家乡，对这些地方充满感情，谈起河北的一些名胜、特产，如数家珍。

吴先生对廊坊市紧邻北京的“北三县”（香河、大厂、三河），更倾以心血。他走访基层，与多级领导座谈，还把时任河北省省长钮茂生和清华大学校长王大中请至廊坊，具体探讨“北三县”的发展问题。从“飞地”谈到“腾飞之地”。等不及京津冀规划的正式确定，就搞起“前期收获”，让河北“吃点小灶”。

2003 年，亚洲开发银行考虑给河北省资助一个发展战略研究项目，邀请吴先生及一些资深专家，听取他们的意见。我也被邀出席。吴先生有根有据，讲了许多支持河北的话。后来，我听说此项研究对河北的发展起了推动作用。

吴先生带着他的团队为河北更紧密联通京、津，构想了许多示意路径。规划图上的每一条线，每一个点，都是情意的凝聚、智慧的结晶。

（四）权力与智力结合，智方要主动

决策层与智力机构相互需要，本应双方都主动；但是，由于领导机构工作忙、头绪多，受分工范围局限，再加有些领导者习惯于凭权力作决策，对智力服务的重要性认识不足。因此，

圣索菲亚教堂（土耳其，1990年）

智力机构不能被动地等待咨询。

国家大事，匹夫有责。智力机构对关乎国家人民的大事要有自觉担当的精神。

京津冀区域的两市一省，当初本来也没有，也不便提出作区域规划的需求。吴先生和他的团队主动请缨，从别的渠道争取到立项拨款。可以说，对两市一省，是清华大学自筹经费，主动上门，作智力服务的。

吴先生及其团队敢作敢为的担当精神可敬可佩。

吴先生作为高龄大师还善于利用一些重要时机，主动向领导机构宣传、介绍学术观点和规划思路，使会场变成讲堂。

就我本人和吴先生一起与会亲历的有：

· 2003 年，在北京市主管领导参与的北京城市总体规划修编方案讨论会上；

· 2004 年，在国务院批复北京城市总体规划前，委托建设部邀请一些专家对总规方案再作一次评议的会上；

· 2006 年，在国家发改委京津冀都市圈评议会上；

· 2006 年，在国家发改委长三角区域规划评议会上。

智力与权力紧密结合，才能使智慧变成行动，取得更好的实践效果。

愿吴先生和他的团队想领导所想，想领导所未想，想领导所来不及想，更主动地发挥智力机构为决策服务的功能。

周　岚

中国城市规划学会副理事长，江苏省住房和城乡建设厅厅长

读《良镛求索》有感

平生有幸，有机会跟随吴良镛先生学习多年，对吴先生的理解也随着岁月和自己的成长日益加深。但对于吴先生的许多事，尤其是早年的经历，通过《良镛求索》我才第一次知晓。一口气读完《良镛求索》，感慨良多。跟随吴先生学习时，讨论的多是专业问题，对先生的专业睿智以及对专业问题的哲学思考感受很深。《良镛求索》则让我更深刻地体会到这位世纪老人的家国情怀和知识分子的奉献人生。在中国近百年艰难巨变中，吴良镛先生无论身处怎样的艰难环境，矢志不渝研究的是根植于中国大地的现实问题。围绕推动中国发展进步的现实世界真问题，吴良镛先生始终坚持用科学的精神、专业的态度，反复追问、不断求解……透过先生真情、自谦的文字，我对他从青年、中年，直至耄耋之年耕耘求索的一生，有了更加深刻的理解，也倍增敬仰之情。

先生的家国情怀。吴先生在自己毕生求学、治学、传道授业的过程中，始终将国家进步、社会发展与个人的理论探索、专业实践紧紧联系在一起。在中国近百年的时代洪流中，他努

伊斯坦布尔清真寺（1990 年）

力抓住每一个机会奉献于国家，始终以知识分子的情怀来推动社会进步。新中国成立初期“百废待兴”时，接受“建国洪流”的时代召唤，紧急回国建设新中国，先后被聘为“中华民主青年联合会代表”、“北京都市计划委员会顾问”、“中国建筑学会副秘书长”等，参与了首都规划、人民英雄纪念碑设计、国庆十大工程项目……此后，在国家建设、首都规划以及城乡规划建设行业发展的一系列大事件中，先生倾注了大量心血，做出了重要贡献。正如先生所述“回顾几十年来我所进行的学术探索，可以说都不能摆脱时代的深刻影响，是一个不断回应时代落在我们建筑学人身上的任务的过程”。吴先生曾经说过，他毕生的目标就是创造优良的人居环境，让人们能诗意般、画意般地栖居在大地上，让美好环境与和谐社会共同缔造。“我虽然人生九十，但仍然不懈追求，追求国家富强、社会和谐、环境健康、人居宜居”。吴良镛先生的一生，就是以这样的家国情怀安身立命、行事为人、工作奉献。他身上经过岁月洗礼和沉淀的家国情怀，是其人格魅力的重要组成，也是给予我们的宝贵精神财富。

先生的学术追求。吴先生是新中国建筑界和建筑教育事业的开拓者之一，是中国建筑与城市规划学科带头人，是世界著名的建筑与城市理论家，是人居环境科学的创建者。在先生70余年的专业生涯中，其专业视野和境界不断拓宽，从建筑走向城市规划、走向区域、走向人居环境。他开创了古城有机更新的新途径，北京菊儿胡同改造项目被公认为旧城更新实践

玛堡冬雪（1980年）

的成功典范，获得了联合国人居奖和亚洲建筑师协会优秀建筑设计金牌奖,《亚洲建筑师》称他为“人民建筑师”。吴先生起草国际建协《北京宪章》，主持开展“京津冀地区城乡空间发展规划研究”，著述《广义建筑学》、《人居环境科学导论》、《中国人居史》，更是推动中国建筑、规划、园林，乃至人居环境科学发展的里程碑作品。2012 年吴良镛先生荣获国家最高科学技术奖,是众望所归,是全行业的骄傲。思量荣誉背后的意义，正如其导师伊利尔·沙里宁早在 60 多年前给他的评价：他的工作中,有着一种“中国现代性的精神”。这种精神可以标志“人类文化进步”，可以标志“中国实际生活的发展”。吴良镛先生一生都身体力行着中国知识分子的执着追求，“以出世之精神，做入世之事业”，“以求解之心面对问题，以诚朴之心记录专业实践，并以期望探索之心展望未来”。

先生的开放思维。我跟随吴先生做博士研究的时候，他已年近八十，但他的思维完全不像一位老人，从不故步自封，总是不断学习，保持思想的开放鲜活。我脑中最忘不掉的印象是“吴先生斜挎布袋、手拖行李车（布袋和行李车中都是资料）、精神抖擞来到研究所”，和我们讨论交流，一忙就是一整天。我常常纳闷为什么八十老翁精力旺盛、思想敏锐，甚至超过我们？慢慢地我明白了：先生一生历经磨难，倍加珍惜难得的学术黄金时代。年轻人般的求知欲、海纳百川的知识结构、加上世纪老人的睿智，造就了吴先生哲人的思考，远远超越一般工程技术人员,因此在 2014 年国家博物馆举办的“匠人营国——

城山晚照（希腊雅典，1999 年）

吴良镛·清华大学人居科学研究展”圆桌座谈会上，我说“吴先生不是匠人，而是哲人”。我体会吴先生的思想精髓就像国粹中医，只要药方对解决中国的现实问题有用有效，那就广泛搜集采纳，然后通过自己的深入思考和融会贯通，调制成解决现实问题的良方。跟随先生多年学习的经历，让我深刻体会到先生一直倡导和秉持“复杂问题，有限求解”的智慧。吴先生主张学术研究应以现实问题为导向，按照“提出问题——借鉴理论——找出多个基本问题——探索解决问题的基本工作纲要——形成最终纲领”的路径，综合运用一切可用知识，搭建学术发展共同的平台，促进“科学共同体”的成长，一起探索、共同解决现实问题。当今世界发展格局复杂多变，单维的思考，甚至简单的跨界都不能完全解决问题，需要更加自觉地运用复杂性科学的思想指导实践，化错综复杂问题为有限关键问题，寻找在相关系统中的有效求解途径。这样的复杂系统观和有效求解的“融贯的综合研究方法”，不仅使我的学习和研究获益，更帮助我处理复杂的行政问题。

先生的谦和包容。吴先生身为“大师”、“大家”，拥有几乎所有的学术荣誉和桂冠，但先生却始终谦己待人，温和儒雅，对后学关心培养、爱才惜才。著名的美籍华裔建筑学家贝聿铭曾经说过：“不管你到哪个国家，说起中国的建筑，大家都会说起吴良镛。”然而，对此吴先生却异常谦逊：“我的作品不多，都是大家一起做的。”吴先生在教学和科研中，始终强调在本专业和跨专业间构建问题导向的学术共同体，推崇“同道”精神。

瑞士伯尔尼街景（1981 年）

对于所获的荣誉、奖项以及国家、社会的认可，先生总自谦是团队的成果。面对国家最高科技奖，先生言之“这是给予志同道合、共同奋斗的集体成果的荣誉，不能视之为光环，而应看作是社会责任和社会义务，是激励我们继续在人居环境科学的道路上奋发前进的动力。”吴先生对于人才的培养，始终秉持着“师与生的关系，彼此应视为共同视野的战友”、“弟子不必不如师，师不必贤于弟子”、“闻道有先后，术业有专攻”的理念，平时吴先生也习惯以“同道”、“科学共同体”，作为同事、师生、团队之间的亲密称呼，我个人至今保存着多本吴先生亲自签名的“周岚同道共勉”的专著。吴良镛先生的谦和包容，是他令人敬佩的个人修养和人格魅力的细微体现。

先生的家乡情结。吴先生是南京人，始终有着浓浓的家乡情结。“江苏是我的家乡，虽已久别故土，但仍心念系之。”我能够有幸成为吴先生的学生，一部分是源于个人专业的原因，另一部分也是源自先生对家乡的关注。我在南京规划局工作期间，先生对南京的历史文化名城保护和发展非常关心，提倡历史名城的文化复萌。在他的悉心指导下，我完成了《历史文化名城的积极保护和整体创造——以南京为例》（科学出版社，2011）。随后吴先生完成了奉献给家乡的代表作——南京江宁织造博物馆，通过“盆景模式”和“核桃模式”的有效运用，在当代建筑环境中再现了历史经典的传统意境，实现了历史世界、艺术世界和建筑世界的“三个世界”的整体融合创造。2017 年 5 月 20 日首届“江苏发展大会”城乡空间特色专题论

山雨欲来（大理，1990 年）

坛在江宁织造博物馆举行，包括贝建中、夏铸九等海内外江苏籍和在江苏学习、工作过的知名专家学者齐聚于此，在高品质的文化空间内共商江苏城乡空间特色塑造未来之道。吴先生在悉心指导我们努力推动江苏城市空间品质提升的同时，也积极帮助推动乡村人居环境的改善。“十二五”期间江苏在全省全面实施村庄环境整治行动，同步在全省组织开展了“江苏乡村调查 2012”，在过程中吴先生给予了全程指导。他在我们创刊发行的《乡村规划建设》（商务印书馆，2013）上题辞：“乡村，是人居环境的重要组成。中国数千年的农耕文明，造就了乡村特有的物质景观和文化意境。但较之于城市，我们对乡村的认识和理解还极为肤浅，尤需深入的调查和系统的研究。江苏近年围绕乡村人居环境所行之乡村调查、村庄环境整治的实践、乡村规划建设的学术探讨，既丰富了人居环境科学的地方实践，亦是美丽中国的现实探索。”在“匠人营国——吴良镛·清华大学人居科学研究展”中，吴先生又举荐江苏作为乡村人居环境改善的地方生动案例。我体会这其中既有对江苏工作的肯定和支持，更有浓浓的家乡情结和期盼。

先生，我的人生恩师。我跟随先生做博士研究时，已获得中外两个名校的城市规划硕士学位，并在规划设计、规划管理和城乡规划建设专业岗位工作多年，内心多少有着专业人士的清高和骄傲。跟随吴良镛先生学习的经历则让我变得谦虚，让我明白“天外有天”和“学海无涯，永无止境”，面对现实世界不断涌现的时代命题，人既有的知识储备是永远不够的，需

喀什阿巴可加墓（1981 年）

要“活到老、学到老”。其间，先生还不断提醒我要拥有自己独立的学术见解和专业人生，要与自己参与的现实世界实践划出一定的界限。他说“现实世界的实践是多方利益主体的博弈和综合结果，未必代表最佳的专业理想”。他要求我“无论现实世界多么纷繁复杂，专业人士必须保持自己的思想新锐、见解独立，而保持这一状态的前提是保有知识分子的生活方式，不断向理论学习、向实践学习，始终保持自己学术思想的先进性”。吴良镛先生的教诲于我终身受益，他不仅指导我顺利完成了一个并不轻松的博士论文课题“历史文化名城的积极保护和整体创造”，他的教诲更督促我在现在的行政岗位上，能够保持清醒的头脑，努力以理想的专业精神探索求解现实世界的真问题，视同事为同道，共同推动事业进步、服务社会发展，而我和同事、同道们亦能在团队合作中共同成长进步。回想从进入清华跟随先生学习至今，已有十七个年头，接近我生命中三分之一的时间，有机会受教于先生，得益于先生的教导，感怀终生！不仅如此，我毕生也将努力以先生为榜样，学之以恒，终生不倦，学以致用，报效国家。

苏则民

南京市规划局原局长

从吴先生常说的两句话谈起

《良镛求索》是吴先生的自述，说的是吴先生做人、育人，做学问、搞研究，探索学科的创立与发展的重大课题。这是一个很大的话题。我只能说些点滴小事，今天就从吴先生常说的两句话说起，谈谈我读了吴先生《良镛求索》的一些心得和感受。

一句是“我一生在教育岗位上”。

吴先生自 1946 年随梁先生、林先生创办清华大学建筑系起，始终在清华教书育人。我有幸从 1955 年开始成为吴先生的学生，到现在已 60 年有余。特别是 1961 年成为吴先生的研究生后，直到现在，即使我早已离开清华，吴先生仍然是我的导师。

我进清华的时候，正是“向科学进军”的年代，直到 1957 年，教学氛围很好。建筑系只有一个专业，是清华最小的一个系，在梁先生、吴先生和书记刘小石先生治理下很像是一个大家庭。记得当年，老师们（那时叫先生），先生们对教授都称“公”，梁公、张公，还有女张公。吴先生当时很年轻，被叫作“小吴公”。我们学生当然不敢这么叫。

徐水工地（1958 年）

我手头还保存着1956年《暑期测绘实习作业指示书》及讲稿，主要是关于中国古典建筑的，都是老师们亲手刻写、油印的。

1958年、1959年教学秩序就乱了。吴先生书中提到徐水，我就去了徐水。周总理去过。1961年10月，我已经是研究生，周总理陪缅甸吴努总理来系里参观。我们在系馆门前列队欢迎。周总理看到了人群中的凤存荣老师，对她说："我们好像在哪里见过。"凤存荣说："我在徐水见过总理。"周总理接着说："你们在徐水盖的房子可不怎么样。"总理的话说得很婉转，但这大概是对我们在徐水建设"共产主义新农村"恰当的评语了。

我们临毕业的时候，形势又不一样了。1960年以后，困难时期，"运动"不搞了，老师们想着把缺失的课给我们补回来。1961年3月，梁先生、吴先生都亲自为我们讲课，带我们在北京参观，给我们讲解，内容是关于广场，广场的历史发展、广场的建筑群设计原则等。我现在还保存着当时听先生们讲课做的笔记。

1961年，我当吴先生的研究生，是遇到了好老师，也碰到了好时候。尤其是头三年，在相对很少干扰的情况下，吴先生为我制定了三年培养计划和每个年度的学习计划。

吴先生自己讲授外，还请了戴着"右派"帽子的程应铨先生讲授"西方城市史"。我们三个研究生，晚上到程先生的宿舍去听课。这在当时也不是容易的：又是"右派"，又是"西方"。

研究生的学习主要靠自学，在相对宽松的环境下，我除了学习专业知识外，每天还到系资料室、校图书馆，看些似乎与

乌鲁木齐清真寺（1981 年）

专业没有直接关系的“闲书”。这对我拓宽知识面、开阔视野很有帮助，影响了我后来的规划工作和退休后有关历史文化的研究写作。

正是在清华这十年，我随吴先生学到了知识，更学到了做人，学到了做学问的态度和方法。这是我讲的一点。

吴先生常说的另外一句话是 :“南京是我家乡”。

1965 年底，我被分配到上海市规划设计院，专业对口，吴先生是希望我能学以致用。遗憾的是，不久“文化大革命”把一切都打乱了。

也许是命运使然，1971 年我全家搬到了南京。这样，我与吴先生又多了一层关联。“文革”结束，1978 年，我与吴先生恢复联系。吴先生知道我在水泥工业设计院搞建筑设计时，竭力主张我回归规划业务。吴先生为此费尽了心思，南京大学地理系，南京市规划局、规划院他都联系过。吴先生也曾经问过我，是否愿意随他去深圳大学建筑系，甚至谈到去了后的一些设想。1980 年代，有一次吴先生到南京开会，听说我的工作问题还没有解决，吴先生借与市长晤面的机会，推荐我赴南京规划局工作。吴先生总是主张学以致用、用人所长。

我到了南京规划部门，吴先生更寄予厚望。他在给我的信中说 :“南京是我家乡，城规工作要作的事颇多，……不愁用武之地也。”并说 :“回到城市业务岗位，宜先作技术工作为好，需要把握近些年来城市科学的发展，多看些材料，吸取一些各地工作经验。”

林曦（美国，1949 年）

南京是吴先生的家乡，吴先生对南京的规划建设，特别是历史文化名城的保护和有机更新当然尤为关注。吴先生多次应邀到南京参加关于南京规划设计的评审会、咨询会、研讨会，会上、会下都对南京的城市发展、规划设计提出了具有远见卓识的见解，有区域问题、战略问题，有规划的哲学思考，有历史文化名城的整体保护，也有具体的城市设计建议。

1980 年代，我还在规划局的时候，吴先生就关心过童（寯）老的旧居，这是童老自己设计的住宅，在房地产开发的大潮中，差点被拆除。现在童老的住宅和杨老的住宅都是省级文保单位。

南京城南门东、门西的保护与更新始终是一大难题，也成为各界关注的焦点。吴先生提出过具体的建议。“如能将凤凰（台）遗址加以扩大，形成老城南西城的中心，并与秦淮河游览廊道蔚为体系，使这一地区更具风采。”

江宁织造博物馆是吴先生呕心沥血的力作。对于这项工程，吴先生自己说是“最优越的条件，最艰巨的设计任务”。“白头相见江南”，吴先生明知任务艰辛，依然欣然受命。最后吴先生以“核桃模式”和“盆景模式”，围绕历史、艺术、建筑三个世界的整体创造，破解难题，为在高楼林立的城市中心繁华地段建造历史文化建筑做出了成功的范例。吴先生说，他在这个工程中的“个中甘苦”在他的《金陵红楼梦文化博物苑》一书中大体有所表达。其实，我们大家知道，吴先生为此付出的心血又岂是几页纸上的文字所能尽述的！

沙春元

常州市规划设计院原院长

博大精深，后学楷模：读《良镛求索》有感

收到吴良镛先生寄来的自述大作《良镛求索》(以下简称《求索》)，十分欣喜激动。95岁高龄的吴先生一生伟绩丰功，著作等身。可是一直没有一组较为详尽的文字来系统地回顾、总结和介绍，而且吴先生又是如何取得这些成就的？现在这一答卷又为吴先生自己那么圆满地完成了。我抓紧时间，怀着虔诚的心情通读了一遍，真是如饮甘露，受益匪浅。

吴先生在《求索》最后的跋中高度概括了他的六个"人生"：即"教育人生"、"学术人生"、"实践人生"、"写作人生"、"审美人生"、"总的来说都是在求索，是求索人生"。读了吴先生的《求索》，联想到在清华学习期间和毕业后工作时吴先生对我的影响、帮助和吴先生一生的建树，结合自己的体悟，我想还要说说吴先生还有四个值得称道和学习的"人生"。即：成功人生、勤奋人生、融贯人生和厚德人生。

吴良镛先生无疑是成功人生。孔子有言："吾十有五而志于学，……五十而知天命，六十而耳顺，七十而从心所欲，不

博物馆窗外（德国卡塞尔，1981 年）

逾矩。”吴先生可以说都做到了，不但“从心所欲”，而且心想事成，硕果累累。终身从事建筑教育，培养了一大批优秀的建筑、城规人才；创立广义建筑学和中国人居环境科学体系；主持设计北京菊儿胡同更新改造、中央美术学院（新址）、曲阜孔子研究院、泰山博物馆、南京红楼梦博物馆和南通博物院等精品建筑项目；开展北京城市总体规划、京津冀地区发展规划研究、长三角发达地区建筑保护与更新研究；撰写第 20 次世界建筑师大会通过的《北京宪章》；乃至吴先生获得的国际国内一系列荣誉和奖项；胡锦涛总书记亲自给他颁发了国家最高科学技术奖，国家天文台又命名 9221 号小行星为“吴良镛星”。这里我想说的，一是在国内建筑、城规及其教育领域少有在这么多方面像吴先生那样均作出如此大贡献的个人；二是吴先生的所作贡献对我国城市和建筑进步发展的推动、引领和影响力将是长久而巨大的。吴先生所开创的人居环境科学理论必然要在今后相当长的时间里指导和启示着我国广大城市和建设工作者的工作行为和思维路径。

吴先生所取得的成就是与他罕见的勤奋分不开的。这一点吴先生自己也承认：“总的来说生平还是勤奋的。”1980 年冬到 1981 年吴先生应邀到西德卡塞尔大学讲学。其时我正在德国慕尼黑工业大学进修城市规划。我有幸到卡塞尔与吴先生见面，并在他房东家住了几日，后来吴先生访问慕尼黑时我也曾陪同他在慕城的讲课和参观。这是我人生中与吴先生近距离相处的一段宝贵时光。我发现吴先生有抓紧时间写生的习惯。我

窗子以外（德国卡塞尔大学城市研究所，1980 年）

们一般外出参观，只会带上相机，咔嚓一下，“尽收眼底”。但吴先生除了拍照，还要取出画本，画钢笔画或者水彩。吴先生认为徒手写生更能加深对建筑形象和设计的认识和理解，同时可训练和提高自己的艺术表达能力。在吴先生的影响下，我也开始注意抓住机会作一些速写。2014 年夏天在中国美术馆举办的“人居艺境——吴良镛绘画·书法·建筑艺术展”展出了吴先生数以百计的高水平绘画、书法作品，在这些杰出作品的背后凝聚了吴先生多么巨大的努力和心血！

我们每每读到吴先生的文章或专著，总会被他的旁征博引、渊博的知识所折服。几年前有一次到他家拜访时发现在不大的客厅地上放着一大捆新书，我问吴先生这些书的来历。吴先生说他每月要给附近一家书店一笔钱，书店每周会选一批吴先生感兴趣的新书送到吴先生家。这些书上至天文，下至地理，古今中外，涉及面非常广，吴先生家里空间被书占了一大半，真是书的世界。吴先生博览群书，绝非虚言，下笔自有神助。

吴先生在《求索》一书中，把他的一生分为三个 30 年。第一个 30 年是“学习成长时期”；第二个 30 年是在清华建筑系从教时期；第三个 30 年是改革开放以后，他卸去了行政工作，创立建筑与城市研究所，率领团队向建筑和城市科学进军取得丰硕成果的时期。吴先生特别看重这一时期，把它视作“一生中的‘黄金时代’”。而这“第三时间”恰恰又是吴先生从花甲之年走向耄耋之年乃至期颐之年的时期，人的精力、身体健康状态肯定不如年青时期，但吴先生老当益壮，“生命不息，

玛丽亚教堂（意大利米兰，1981 年）

求索不止”，时有新作品和论著问世，令人叹为观止。

吴先生之所以取得成功还应归功于他思考问题和研究问题的方法。长期以来吴先生在他的学术生涯中精心总结出一套“融贯研究”的方法，称之为“融贯学科”，并赋以新意：“即从外围学科中有重点地抓住与建筑学有关部分，加以融会贯通。为了强调这项工作中的综合集成性，故我称其为融贯的综合研究方法。”[1] 吴先生的《广义建筑学》、《人居环境科学导论》等著作以及关于长三角发达地区建筑保护与更新研究等项目均是这种融贯研究的优秀的结晶和范例。

吴先生在工作实践的基础上总结提出人居环境设计的三项指导原则：

“1. 每一个具体地段的规划与设计（无论面积大小），要在上一层次即更大空间范围内，选择某些关键的因素，作为前提，予以认真考虑。2. 每一个具体地段的规划与设计，要在同级即相邻的城镇之间、建筑群之间或建筑之间研究相互的关系，新的规划设计要重视已存在的条件，择其利而运用并发展之，见其有悖而避之。3. 每一个具体地段的规划与设计，在可能的条件下要为下一个层次乃至今后的发展留有余地，在可能的条件下甚至提出对未来的设想或建议。

“也就是说，在每一个特定的规划层次，都要注意承上启下、兼顾左右，把个别的表达与整体的和谐统一起来。”[2]

[1] 吴良镛：《人居环境科学导论》，106 页。

[2] 吴良镛：《人居环境科学导论》，139 页。

威尼斯叹桥（1981年，坐在运河石桥上，借运河水濡笔写生）

这三原则可称之为从事规划和建筑设计工作的“金科玉律”，实际上这也是评价和检验规划设计成果优劣高低的重要标准。吴先生的设计作品无论从菊儿胡同、孔子研究院到红楼梦博物馆等都可以看到这三原则充分的运用和体现。

吴先生的“融贯人生”还突出地体现在他忠实地践行着梁思成先生倡导的走出由于文理分家导致人的片面发展的“半个人的时代”的理念。吴先生“科学求真、人文求善、艺术求美、人居环境贵在融汇”的高度概括性语言是他一生求索的写照。吴先生在人居环境科学理论和实践上的成就与他在人文书画艺术方面的造诣和水平可以说是相互融合、相互促进、相得益彰、交相辉映。

吴先生是清华校训“自强不息，厚德载物”的模范践行者。他的厚德人生首先体现在他的爱国情怀。他在年轻时饱经忧患，目睹祖国惨遭日寇蹂躏涂炭，毅然投身于抗日救国的反法西斯斗争。他之所以选择建筑学和城市规划作为终身职业，正是他立志医治祖国战争创伤，重整山河、重建家园，亲手描绘和建设美好的新中国城市的崇高理想。

第二，吴先生不忘师恩。在他书中多次提到梁思成、林徽因、沙里宁和原中大许多教授对他的培养和提携之恩，多次重复“学莫便乎近其人”这句话。谈到当年鲍鼎教授的教学启示和对他的关心，“念念不忘师恩”，并在 2007 年东南大学建筑系成立 80 周年时，用他自己的稿费所得在东南大学校园里为鲍鼎先生树了一铜像。

第三，吴先生关爱学生乐于助人。这方面我自己有亲身感

圣马可广场（1981 年）

受。我于 1979 年被清华推荐赴德进修城市规划，是吴良镛和汪坦二位教授分别为我写了推荐信。吴先生就我赴西德学习事还建议我去拜访和请教正在北京开会的周干峙副部长和金经昌教授。我于 1981 年结束在德学习回国后，吴先生力主我留建筑系任教。当吴先生听说我父母弟妹下放农村家庭经济欠佳，便提出要将其稿费收入资助我，这使我十分感动。后来由于多种原因，我在清华建筑系任教不到一年调回家乡常州工作。吴先生为此十分惋惜和无奈。但我回常州工作 30 多年来，吴先生一直关心着我，主要是关心我在城市规划和设计领域的工作进展。每有新书问世，吴先生总会惠赐一册于我。有时吴先生竟主动打来电话询问情况。吴先生也曾多次亲临常州调研或作学术讲座，关心和指导常州城市规划和建设。每每我出差北京到吴先生家中拜访，吴先生总有教诲叮嘱。事后我回想，吴先生每次谈话是有所考虑有所准备的。吴先生总是希望我们能在为地方的人居环境营造方面做得更好一些、更多一些。可惜本人在这方面成绩不大，贡献有限，有些愧对师恩。

第四，吴先生在他后 30 年之所以取得辉煌的业绩，离不开他创建和带领的建筑与城市研究所这一团队。业界普遍羡慕吴先生有这样一个团结合作和谐高效的工作集体，可说是天时地利人和。这一环境的营造也正是吴先生的宽容大度、善待他人、提携后学的高尚人格和胸襟所致。

有一种说法：小胜靠力，中胜靠智，大胜靠德，全胜靠道。吴先生一生的实践和求索再次印证了这一道理。

陈为邦

国家住房和城乡建设部原总规划师

吴良镛先生对我国城市科学建立和发展的贡献

吴良镛先生的学术研究充满了哲学思维，不断发展，不断扩大视野和领域，不断由专业走向综合，由小综合走向大综合。从建筑学和城市规划学发展成为广义建筑学，进而发展为人居科学。这里，我重点介绍一下吴先生在我国城市科学建立和发展方面的重大贡献。这应当是他的学术成就的重要方面。

吴先生是我国城市科学研究的主要启蒙者和推动者，在中国城市科学研究会的筹备、建立和发展工作中，吴先生功不可没。1980 年代初期，中国自然辩证法研究会的同志从未来学的角度，发起讨论城市发展战略问题。他们首先得到当时的国家城市建设总局领导曹洪涛副局长的积极支持，在曹老领导下，我当时就参加做具体工作。自然辩证法研究会钟林、周林同志提出必须邀请学术界专家参加。他们邀请吴先生，立刻得到吴先生的热情大力支持。从 1981 年到 1982 年，在北京，连续召开了一系列小型学术思想研讨会，非常深入。有关政府部门、大专院校、科研单位的专家参加。记得于若木（陈云夫人）、朱厚泽（后任

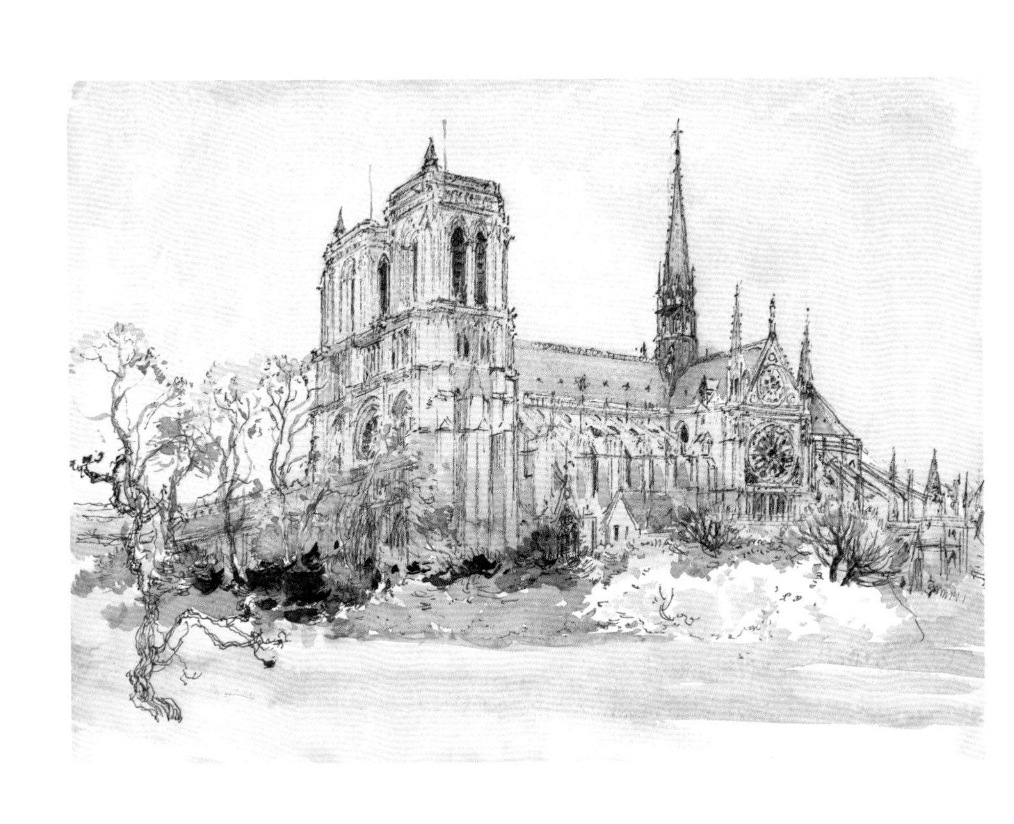

寒春（巴黎圣母院，1981 年）

中宣部部长）等同志也参与了。大家指出，城市发展不仅是规划问题、建筑问题，也不仅是建设问题，而是更大的战略问题，需要认真开展城市发展战略思想研究。经过充分准备，1982 年 12 月，自然辩证法研究会在城乡建设环境保护部的积极支持下，召开了“全国城市发展战略思想讨论会”。这是新中国成立以来第一次召开的以城市为主题的全国大型学术讨论会。吴先生发挥了重要的学术领导作用。会议之后，1984 年 1 月，正式成立了中国城市科学研究会，吴先生成为研究会的主要领导。

吴先生以唯物辩证法的科学认识论，正确引导了城市科学的建立和学术研究的开展。吴先生指出，城市是一个庞大的系统，需要分层次有重点地开展研究。城市科学研究应当是综合性的战略性的研究，应当是自然科学和社会科学在城市的结合。这些重要观点成为我国城市科学建立和发展的基本指导思想。

同时，吴先生非常实际，坚持实事求是。当时，有专家提出立刻建立我国的城市学研究会，立刻开展城市学研究。吴先生指出，在我国，现在就建立城市学，学术和思想条件都还不成熟，需要一个相当的准备时期。当前，从实际出发，开展城市科学研究比较主动，可以团结更多方面的人士共同参加。后来虽然有国家著名科学家提出这个问题，但是，吴先生仍然坚持不变。就这样，解决了一个重大的学术认识问题，引导我国城市科学学术研究稳步开展起来。

这样一个过程，有吴先生的引领，发展就比较实在。相当长一个时期，全国研究会和地方研究会的工作，发展都比较好。

喷泉（巴黎，1983 年）

由于我参加了这个过程，具体进行有关组织推动工作，直接接触学习吴先生的高屋建瓴和实事求是的科学精神、严谨治学态度，本人大有收获。

高龄后的吴先生的思维仍然非常敏锐和前沿，他所思考的问题，往往是最新的问题，甚至是很尖锐的问题。前两年，他晚上有时候给我打电话来，要我给他提供一些信息。我说，“吴先生，我的消息没有你的消息多啊！我是退休人士，退休都十几年了。”关于经济、社会、文化，他什么消息都要听，都要讨论。我觉得吴先生的思维能力，不像八九十岁的人，而好像是六七十岁的人，他抓最新的问题。我与他就讨论过房价问题。

人居问题，我觉得，首先是城市群众的住房问题。现在中央提出“房子是用来住的，不是用来炒的。”非常重要！这是一个现在全国都在贯彻实施的重要思想和观念。这个新观念提出来，是控制房地产泡沫发展的必需，是防止金融风险的必需。但是，是不是应该完全否定了城市住房所具有的一定的商品化属性？因此，对这种基本概念的准确认识，是需要深入地长期研究和讨论的。

中国的人居科学，13 亿人的国家的人居科学，内容丰富，有理论，有实践。吴先生开辟的这个科学研究领域，前景非常广阔！

我们要向吴先生学习，学习他坚持不懈的科学奋斗精神，为中国人居环境的不断改善，为中国人居的更加精彩做出努力，做出应有的贡献！

王　育

北京城市学院副教授

读吴先生《良镛求索》有感

一年前拜访吴先生，看到他在审读《良镛求索》出版前的书样。九十多岁的老人，一丝不苟，孜孜无倦，我被这精神感动，书出版后我反复认真阅读。读后心得，不吐不快。

最好的传记，就是传主的足迹与心声。在2017年初“行万里路，谋万家居：人居科学发展暨《良镛求索》座谈会”上，吴先生说，《良镛求索》这本书是在九十岁以后完成的一个自述，用三个30年回顾了自己人生求索之路。第一个30年是动荡战乱，饱受帝国主义侵略的年代，他度过了自己的青年及求学之路；第二个30年是从教的30年，协助梁思成先生创办清华大学建筑系并任教至今；第三个30年是向科学进军的30年，他与团队同道一起，坚苦创作，顽强拼搏，结合中国国情提出广义建筑学、人居环境科学理论，探索开展多尺度、多类型的人居科学思想与理论体系研究，开展获得世界人居奖和亚洲建协建筑金奖的菊儿胡同四合院改造实验，推进许多重要科研项目。

路，是都要走的，不同的人却走出了不同的人生。吴先生

吐鲁番农舍（1981 年）

对八十多年前幼时的回忆，如聊天，如讲古，充满情思，流露出温良敦厚的渊源。吴先生至今记得他祖宅大门门联“绵世泽莫如为善，振家声还是读书”，这里有祖传和家教。“这（第一个）30 年，一方面是学习知识，增长见识，另一方面是在动荡的时局中树立了理想和信念（自序）”，这理想既包括“抗日战争的硝烟之中，亲历百姓不得安居之苦楚，建设美好人居的种子自幼时即埋藏于心间 (P255)”，亦有“国破家亡，未忘祈求以一己专业所长报效国家与社会 (P271)”。

“人生的道路有很多十字路口，每一个人生阶段，越过路口始能前进，错过了就难于回头，因此把握大方向非常重要”(P248)。1950 年底，吴先生“应梁先生祖国‘百废待兴’之约，毅然从美国回来 (P248)”，开始了第二个 30 年的求索。期间尽管有梁先生建筑思想受到批判、“大跃进”、十年“文革”噩梦以及大大小小“戴着镣铐跳舞”的人生经历，他义无反顾，初心不改。“求索”一词出自《离骚》，其中不仅有“路漫漫其修远兮，吾将上下而求索”，还有“亦余心之所善兮，虽九死其犹未悔”之意。

吴先生说，“这一段经历对我们这一代是记忆犹新的，对于我更有切肤之痛 (P105)”。在今天，年轻人真的能够理解二十几岁吴先生的选择么？在“紧急回到祖国 (P63)”一节，吴先生清楚地讲了理想和信念对于把握大方向非常重要。也许，今天的年轻人一时不能理解师恩如山，吴先生道出的秘籍是“择其善者而从之（P249）”。再联系吴家那幅门联，那上善若水、

灵岩寺塔院（1978 年）

从善如流的抉择，足够年轻后生受用终身。

1984 年，卸去行政职务的吴先生创建建筑与城市研究所，开始了他向科学进军的 30 年。这也是承前启后、实至名归、硕果累累的 30 年，是 60 年来坚定的理想和信念、成熟的思考和实践才有的厚积薄发，是在学术上向自由王国跃马扬鞭。

掩卷沉思，《良镛求索》独具特色，撷取四点心得共飨。

第一，真诚而温婉。自述不仅“述自”，更真诚地向年轻人述说半生所遇到的值得记下的人和事。无论师长、朋友同道、门生晚辈，吴先生都记下人家对他的好，记下那人那事的感动，也记下了自己的感恩和谢意，甚至记下了时代的遗憾和内心的主张，言语温婉真切。

第二，刻苦而谦逊。小学五年级班主任的一句批评，让吴先生“九十多岁了还记得，让我认识到一辈子一定要兢兢业业，稍有放松可能就会出问题（P8）”，所以无论学习、工作、从教、研究，他始终刻苦努力，谦虚谨慎。“在获奖之后还是相当低调，埋首工作，不敢张扬（P268）”。“行万里路，谋万家居”的吴先生仍然要求自己“有些自己无能为力的事情知难而退”，“要有所不为才能有所为（P269）”。

第三，择善而坚持。吴先生说，“‘择其善者而从之’的另一层含义，是对道不同的人往来自然会少（P249）”。“道不同不相为谋”，吴先生坚持把有限的人生精力放在结交良师益友、放在始终追随国际学术前沿的领军者，放在领挈提携后生晚辈。从自述中可见，就是在他最为艰难困苦的时候，仍然择善而坚

阳朔（1978年）

持。晚辈结识吴先生十几年，虽然术业有专攻，但最好的知识他给了，是我没接住。看他老当益壮，一骑绝尘领先。

第四，诗意而乐观。还记得吴先生曾说，“我毕生追求的目标是让全社会有良好的、与自然相和谐的人居环境，让人们诗意般、画意般地栖居在大地上。”其实吴先生自己始终乐观地追求诗意人生。他写生、画画、练书法，办个展。从宋代赵孟頫《鹊华秋色图》获得灵感的故事（P228、P250）可见一斑。自述中轻轻带过的是 2008 年生病，自此吴先生持之以恒有规律地康复锻炼，更加快节奏推进手中项目，心心念念的是明日之人居。耄耋长者乐观的人生态度和追求诗意的生活真切而感人。

读《良镛求索》，又一次感受到“大音希声”。黄钟大吕，并非皆为声高音响，倒是辽远悠长，更能引起我们内心不尽的共鸣与感动。借《陆九渊集·语录下》中的一句话：“先生之文如黄钟大吕，发达九地，真启洙泗邹鲁之秘，其可不传耶？”

刘 石

清华大学中文系教授

素以为绚的人生与素以为绚的自传
——吴良镛先生和《良镛求索》[1]

记不清何时得知作为建筑学家的吴良镛先生的大名，但真正进入脑海并留下深刻印象的，是1999年入职清华后，一次在旧图书馆二层的书库里独自翻书，不经意间翻到吴先生的一本画册，虽然我知道绘画之于建筑学家是基础的技能，却仍然惊讶于吴先生画技的专业、画风的纯雅和画品的高绝。

因为同好书法的缘故，数年前结识了时任清华大学环境学院教授、现为清华大学艺术博物馆常务副馆长的杜鹏飞兄，他跟随环境学院钱易院士读博，毕业后又到建筑学院作吴先生的博士后，为人粹然有古风，恪守尊师重道的传统，时常去吴先生家侍奉左右。大约在2013年春天，终于有机会随他一起踏进了吴先生的家门，进去时心里却不免有些忐忑，这位享誉国

[1] 吴良镛注：我与刘石教授结识于清华园，以文相交，他读到《良镛求索》一书，有感而发，撰文抒怀，特收入本集。

吐鲁番农舍二（1981 年）

内外的大学者，两院院士，国家最高科学技术奖获得者，年过九旬的耄耋老人，会欢迎一个陌生的来客吗？有精力接待一个陌生的来客吗？

结果再次让我感到惊讶。儒雅的吴先生不仅待人和善谦抑，毫不摆架子，而且清晰的思路，对周边环境和现实社会敏锐的关注，使得他根本不像一个九十高龄的老人。吴先生充满正义感，当鹏飞介绍我的家世时，我想起了《论语》中“纣之不善不如是之甚也”这句话，对吴先生说其实没这么“出类拔萃”，是被“拔高”了，吴先生说，不实事求是，太可怕。

此后我又多次随鹏飞造访吴先生，往往一进门，吴先生就说你已经好久没来了，一句话说得人心里暖洋洋的。加之他既有老人的健谈，又能够而且很愿意倾听客人带来的种种信息，因此每次的交谈都是平等而亲切的真正的交谈，真正感觉着如沐春风。从吴先生家里出来，重新汇入嘈杂的街市，一时竟不能适应，产生了不知今夕何夕的梦幻感。

有人说老人的头脑就像一座图书馆，经历那么多世事、取得那么大成就的吴先生更是一座宝藏，他随口说出如烟往事，却又历历如在昨日发生，不禁让人暗自叹服他惊人的记忆力，心想，成功的大家，天分更重要啊！

比如谈 20 世纪 50 年代在美国匡溪艺术学院作研究生时，他的水彩画就被人踊跃订购，他的老师为他定的价格每幅 50 美元，是当时一个知名画家的价格了；谈当年通过文化部、江丰和中央美术学院人事处长后任美院附中校长的某位先生（我

吐鲁番额敏塔（1981 年）

未记清名字）调入吴冠中先生，吴冠中先生当时在美院并不得意，是后来才有大名的，因此吴先生也很愿意到清华来。当年的文艺工作者包括画家们被耽误了太多,徐悲鸿好歹还画有《愚公移山》之类的大画，吴冠中则没有；谈在什么会上看见齐白石优游自在，梅兰芳脸色红润，徐悲鸿的脸却是灰色的，当天晚上他请客时就从椅子上滑下去，第二次中风，五十多岁就完了；谈“文革”期间被关牛棚，又下放到江西鲤鱼洲，回北京时去看患病的梁思成先生，很感凄凉，一个月后梁先生就去世了；谈赞成工艺美院并入清华，这是清华发展的需要，但现在难找大师，于是请了韩美林和钱绍武来；谈七十多年前滇西远征经贵州安顺时画画，种下了与安顺的缘分。数年前与贵州省长谈及创立贵安新区，又招收贵州籍的博士生，在贵州开的启动大会未能亲往，但有书面发言，还录了音，有图像,《人民日报》登了消息；谈前段时间去中央美院，范迪安请他去谈一带一路协同创新的问题，他设计中央美院是靳尚谊邀请的，后来院长改成潘公凯，本要在美院里保存一片洼地作湖而未果；美院的美术馆是请日本人设计的，原来要在窑址上建，吴先生说不行，这个日本人本来相识，后来也不来见他了。至于当年梁思诚、林徽因先生如何创办清华建筑系，如何送他出国深造和召唤他回来参加祖国建设，如何指导他的学术研究等话题，几乎每次都要涉及。用带有南京味的普通话娓娓道来，平稳的声调中蕴含着对老师的深情缅怀和对往事的无限追忆。

我本以为这些都是吴先生的即兴感念，后来在他家看见了

喀什小巷（1981 年）

一册《良镛求索》的书稿，才知道其时正应《中国工程院院士传记丛书》之约，亲自撰写一部自传。当吴先生托人将出版后的《良镛求索》送给我，我几乎是一口气读完，他平时向我们讲述的很多内容已然包含其中，自亦有更多他亲身经历的有关建筑设计、城市规划、建筑学科、建筑学人的珍贵史料披露出来。建筑是一个时代进步与发展身影的凝固，通过这位建筑学巨擘的回忆，长达半个多世纪的社会历史风云，也自然浓缩在其中，读来或发人兴味，或使人感喟。

比如说梁思成、邓以蛰等利用市面上文物价贱之机，动用“庚子赔款”为清华收购文物；记述梁思成先生后来在 MIT 出版、现藏于国家图书馆的名著《图像中国建筑史》原稿失而复得的惊险过程；常书鸿向梁、林二先生推荐其女儿常沙娜来清华工作；根据蒋南翔建莫斯科大学那样的主楼的要求，和汪国瑜教授一起确立主楼的位置，并以主楼为中心，形成一条南通长安街的轴线即后来的清华南路；周总理书写人民英雄纪念碑文，在京事多不能专心，特去北戴河专心致志书写，共写了两遍，后来墨迹不知所终；根据周总理的意见完成人民大会堂万人大厅天花顶棚与墙面交接线脚的处理，建筑师张鎛问：“不知有没有体会总理的意图？”总理回答：“让你创造嘛！什么体会不体会总理意图？”一句话透露出总理的民主、豁达和当时党群关系的融洽、和谐。

还让人感到意外的，是近几年“京津冀一体化”的构想似乎横空出世，读了吴先生的书才知道，早在 1979 年，吴先生

敦煌佛像一（1978 年）

领衔的清华建筑系团队已经开始构思了，是他们第一次提出将京津唐地区融为一体，1983 年就指出，“北京职能繁多，内容庞杂，只在建成区范围内打主意，螺蛳壳里做道场，总跳不出圈子，也解决不了根本问题。如果从大区域（华北、京津唐等和北京市 16800 平方公里范围）来考虑，路子就宽了，也活了。”2002 年，吴先生等又在《京津冀地区城乡空间发展规划研究》中明确提出 ：“建设世界城市，带动整个大北京地区的繁荣和健康发展。”

至于新中国成立初期梁思成、陈占祥的“西郊新市区规划”以及退而求其次的折中方案，在当时城市规划决策层盲从苏联专家的意见下双双腰折 ；大跃进时在河北徐水县不切实际的住房设计 ；认为就建筑环境而言毛主席纪念堂宜建在香山，将方案设计的图纸都画出来了，却不为采纳，终使中华门被拆、天安门广场南部最好的一块美丽宜人的松林绿地消失，当时他们的心里就产生了“这座建筑以后会不会挨骂”的隐忧，诸多往事，则不免让人感慨系之了。

吴先生性格温润中见直率，书中时见对旧日往事语气婉转却又态度分明的褒贬评骘。他同时又是一位文章高手，善在宝贵的篇幅中不经意穿插进一些看似闲笔的细节，使彼时彼地的情境场景一下子生动起来，也在不自觉中流露出他自己让人肃然起敬的人格心性，此之谓含不尽之意见于言外。比如写 1945 年他在重庆中央大学毕业后，到卫生署的中央卫生实验院工作，有一天 ：

佛像二（1978 年）

绕过梯田林地去中央卫生实验院，朝阳明媚，曾有一只翠鸟飞来，停在田坎上许久，我亦不敢迈步，直到它振翅而去。这一美丽的画面，我至今仍感觉似在昨日。

我特别看重这一笔的记述与描写，总觉得它不仅透露了吴先生温暖的人性、敏感的审美，后来人居艺境的思想，不也正萌芽于其间了吗？

又如 1977 年春，新任命的清华大学校长刘达到校，由于“文革”给吴先生的创伤尚未平复，心灰意冷，无意再承担行政职务，刘达召集教师会时，他便坐在最后一排：

他（刘达校长）叫道：“吴良镛往前面坐坐”，我向前移了几排。又叫我向前坐，我又往前几排。他说：“怎么你怕我呀？”

有言语有动作，寥寥数语，当场各人的身份、性格、心理活动全在其中了，生动传神，厕入《世说》，吾未见其不可也。而想象着九旬老人回忆这样的场景，则又不禁让人哑然失笑。

古人语云“素以为绚兮”，在这里我愿意翻译成“朴素的绚烂”，我总觉得吴先生的人生就是朴素的绚烂，这本“不表功、不盗名”、“戒言过其实”（作者自序、跋语）的自传，它的文字表达也是朴素中见绚烂。回忆 1947 年初到清华时，梁思成先生安排他住在工字厅：

庭院里有一棵老榆树，覆盖了整个院子，下面还有一株海棠，每天早上醒来啄木鸟叩树的声音非常悦耳，朝阳斜射，更显庭院幽静。

对照着现在党政雄踞、修葺整饬、一线不乱的工字厅，这

西夏画像（1982 年）

真让清华园中的后来者如我辈油然而生人物俱非的怀思之感。又回忆他在匡溪艺术学院时老师沙里宁去世：

1950年7月的一个午觉后，沙翁突发心脏病，去世了。当晚原先预订的酒会临时被取消。当天傍晚我与一位老学长重新在校园转一圈，感到这美丽校园的建筑群，因斯人已逝，黯然失色。夕阳西下，挺拔的柱廊仿佛是沙翁的纪念碑。

虽然我知道，建筑学家不同于一般的工程学家，真正伟大的建筑学家必得同时是人文学家、历史学家乃至哲学家而后可，但每读到此类文字，还是只能情不自禁地暗中拊髀称快！

2013、2014年间，中国美术馆为吴先生筹办一个大型绘画、书法、建筑艺术展，谈及此事，他拿一个拟展的小样给我们看，“提提意见”。有跨越半个多世纪的油画、水粉、水彩、水墨、速写草图、真草篆隶各体书法作品，有给他带来盛誉的菊儿胡同新四合院、桂林逍遥楼、中央美院、孔子研究院、江宁织造博物馆、泰山博物馆等建筑设计模型图等，主要就是为了表达一个观念，即科学、人文与艺术的相融相生，综合创新后呈现的建筑新境——“人居艺境”。

吴先生感慨说，自己的一生分三个三十年，头一个三十年主要在新中国成立前，是学习成长期，第二个三十年是新中国成立后的三十年，将个人的力量投入清华建筑系的发展和新中国的城市建设，但“文革”十年干扰，又作了25年的副系主任和系主任，耽误较多，所幸自己比较勤奋，时间抓的还算紧，因此干了一些事，但仍不能不受客观条件所左右。主要的东西

秦岭（1965 年）

包括广义建筑学的概念、菊儿胡同改造为代表的一批建筑设计经典、人居环境科学的创立等，都是八十年代中期完全辞去行政工作后的第三个三十年中完成的。

因此，他谆谆教导我们，要想多干事，就别去搞行政。谁知事有凑巧，其时我正有意辞去正担任着的中文系主任一职，听了吴先生的一席话，当即表示这回终于能下决心了，吴先生没想到在座的还真有一个系主任，而且言者无意，听者有心，马上改口道，我只是说说，你可别听我的啊！说的我们哈哈大笑。后来见面，吴先生每次都问我："辞掉了吗？"当得到肯定的答复时，他的脸上露出了会意的笑容。

"志于道，游于艺"。吴先生一次跟我们聊天说，他前两个三十年是志于道，第三个三十年才开始游于艺。此处之所谓"艺"，依我的理解，既是指他建筑设计中愈见清晰的"人居艺境"之"艺",亦是针对他素所钟爱的绘画与书法之"艺"而言。绘画是他的当家本领之一，但投入进去太费时间，所以，晚年转而在书法上更多用力。对我来说，建筑纯是外行，绘画亦非我所长，唯于书法，兴趣所在，略曾涉及。平素在吴先生家中见其作品，喜其各体俱备，出于自然，而又皆有所本，中规合度。斗胆开口求字，蒙先生现场法挥，含笑相赐，捧归寒斋，永以为宝。2014年9月间，当我去中国美术馆参观吴先生的展览时，一进大厅便被二十来米的"人居艺境咏"长卷震慑住了，斗大的隶书将石门铭、张迁碑和经石峪金刚经等熔为一炉，笔力恢宏，气势磅礴，观其落款，竟是上月刚刚完成。93岁的老人，如此真力弥漫，又非止先生一人的功德造化，实乃民族之幸、国家之光！

为表达对吴先生的敬意，每年春节，我都托鹏飞兄送去春联，以表贺岁，书法固不足论，联语却出真心。今年是鸡年，我书一联云：

名尊泰斗齐鹤寿

腹贮诗书灿鸡窗

每次吴先生都将拙联悬于宅中迎门的玄关壁上，受宠若惊之余，让我再次感受到老先生的虚澈谦冲。

吴先生在《良镛求索》跋中的一段话，太好地总结了自己的一生：

从1946年到今天（2016年），我一直在教学岗位，在培养学生，是教育人生；既然是教育，在大环境下努力治学，形成专著、论文若干，是学术人生；自己从1956年在基本建设会议上就领悟到要重视实践，就像一个医生总要能看病，搞工程的必需要能动手，是实践人生；另外，在不同时期也写了一些肤浅心得与人交流求教，是写作人生；这些年开了若干次画展，喜爱艺术，自己一度参加了雕塑委员会、美协等组织，也算审美人生；总的来说都是在求索，是求索人生。

读《良镛求索》竟，最大的收获是，我明白了一个人如果可能，应该如何度过一生；一个人如何度过一生，才称得上有意义、有价值，最幸运、最幸福。人人有追求意义、价值之意愿，人人有希冀幸运、幸福之初心，因此，我愿意与读者朋友分享我对吴先生的点滴印象和读吴先生书时的所思所感，分享我对意义、价值、幸运、幸福的理解，不知能得吴先生和读者诸君印可否?

谨以此文为吴先生 95 华诞寿。

后　记

吴良镛

1. 纷乱的世界

当前的国际环境是较为纷乱的，人类面临重重危机：经济危机、气候变化、自然灾害、环境破坏、南北差异、贫富对立、能源与粮食的短缺、物种绝灭的加速，凡此种种，不一而足。政治局势上的不安又加剧了这种纷乱，长期以来积压的各种矛盾逐渐显现，许多国家都处在矛盾的焦点上：恐怖袭击、武装冲突、移民问题、脱欧风潮，等等，政客们更多地关注眼前问题、关注自己的政绩和选票，缺少雄才大略，世界的和平发展困难重重。

2. 宏大的战略

2013 年，中国国家主席习近平提出了“一带一路”的倡议，旨在通过“丝绸之路经济带”和“21 世纪海上丝绸之路”的建设，促进沿线各国经济繁荣与区域经济合作，加强不同文明交流互鉴，促进世界和平发展，造福世界各国人民。这是对“人类命运共同体”的关怀、是“兼济天下”的宏大构想，必将开辟新局面，开启新时代。

3. 学术的使命

当前的世界，一方面是纷繁的矛盾、复杂的问题和尖锐的挑战，一方面是伟大的畅想和充满期待的未来。对于科学工作者而言，不能局限于眼前的细枝末节，而是要有大气魄、大战略，敢于肩负时代的伟大任务。

就人居科学而言，面对不断涌现的新事物、新问题、新思想，仍然要回归基本原理（back to the basic）。“民惟邦本，本固邦宁”，回归“以人为本”，以建设美好人居环境、实现人民安居乐业为根本目标，探讨国家发展、人民生活的根本问题，如：健康卫生、生态安全、社会住房，等等。

4. 未来的期许

当前，中国人居建设的道路还很漫长，也很艰巨，涉及各个领域的改革与创新，也许需要几代人努力才能完成，不积跬步无以至千里，我们肩负时代使命，工作不能懈怠，不能放弃一切创造的机会。面对时代的召唤，我虽已年迈，但面对未来无限的可能性，仍然充满期待、充满激情，同时，寄希望于年轻的一代，希望他们能胸怀天下，矢志践行。

让我们以张载的宏言共勉：

“为天地立心，为生民立命，为往圣继绝学，为万世开太平！”

图书在版编目（CIP）数据

行万里路　谋万家居："人居科学发展暨《良镛求索》座谈会"文集 / 吴良镛等著．—北京：中国建筑工业出版社，2017.12

ISBN 978-7-112-21588-1

Ⅰ.①行…　Ⅱ.①吴…　Ⅲ.①居住环境－国际学术会议－文集　Ⅳ.① X21-53

中国版本图书馆 CIP 数据核字（2017）第 290648 号

责任编辑：张明　陆新之　徐晓飞
责任校对：张颖

行万里路　谋万家居
——"人居科学发展暨《良镛求索》座谈会"文集
吴良镛　等　著

*

中国建筑工业出版社出版、发行（北京海淀三里河路9号）
各地新华书店、建筑书店经销
北京雅昌艺术印刷有限公司制版印刷

*

开本：787×1092 毫米　1/16　印张：$12^{1}/_{4}$　字数：125千字
2017年12月第一版　2017年12月第一次印刷
定价：128.00元

ISBN 978-7-112-21588-1
（31247）